Vorhersage der geometrischen Oberflächenveränderung im Wälzkontakt

Prediction of the Geometrical Surface Changes in Rolling-Sliding Contacts

Von der Fakultät für Maschinenwesen
der Rheinisch-Westfälischen Technischen Hochschule Aachen
zur Erlangung des akademischen Grades eines
Doktors der Ingenieurwissenschaften
genehmigte Dissertation

vorgelegt von

Dieter Johannes Wilhelm Mevissen

Berichter/in:

Univ.-Prof. Dr.-Ing. Christian Brecher
Univ.-Prof. Dr.-Ing. Bernd Sauer

Tag der mündlichen Prüfung: 02. Juli 2021

ERGEBNISSE AUS DER PRODUKTIONSTECHNIK

Dieter J. W. Mevissen

Vorhersage der geometrischen Oberflächenveränderung im Wälzkontakt

Herausgeber:
Prof. Dr.-Ing. T. Bergs
Prof. Dr.-Ing. Dipl.-Wirt. Ing. G. Schuh
Prof. Dr.-Ing. C. Brecher
Prof. Dr.-Ing. R. H. Schmitt

Band 23/2021

WZL | RWTH AACHEN UNIVERSITY

Fraunhofer IPT

Bibliografische Information der Deutschen Nationalbibliothek
Die Deutsche Nationalbibliothek verzeichnet diese Publikation in der Deutschen Nationalbibliografie; detaillierte bibliografische Daten sind im Internet über https://portal.dnb.de abrufbar.

Dieter J. W. Mevissen:

Vorhersage der geometrischen Oberflächenveränderung im Wälzkontakt

1. Auflage, 2021

Gedruckt auf holz- und säurefreiem Papier, 100% chlorfrei gebleicht.

Apprimus Verlag, Aachen, 2021
Wissenschaftsverlag des Instituts für Industriekommunikation und Fachmedien an der RWTH Aachen
Steinbachstr. 25, 52074 Aachen
Internet: www.apprimus-verlag.de, E-Mail: info@apprimus-verlag.de

Druck: CPI Druckdienstleistungen GmbH, Ferdinand-Jühlke-Straße 7 I 99095 Erfurt

ISBN 978-3-86359-998-0

D 82 (Diss. RWTH Aachen University, 2021)

Vorwort

Kann man nicht auch lachend sehr ernsthaft sein?

Gotthold Ephraim Lessing

Die vorliegende Arbeit entstand während meiner Tätigkeit als wissenschaftlicher Mitarbeiter am Werkzeugmaschinenlabor (WZL) der Rheinisch-Westfälischen Technischen Hochschule (RWTH) Aachen.

Für die stets konstruktiven Diskussionen und die wohlwollende Förderung danke ich Herrn Prof. Dr.-Ing. Christian Brecher. Ebenso bedanke ich mich herzlichst bei Herrn Prof. Dr.-Ing. Bernd Sauer für die Übernahme des Koreferates sowie für die tiefgehende Diskussion meiner Arbeit. Herrn Prof. Dr.-Ing. Christian Hopmann danke ich für die Übernahme des Prüfungsvorsitzes.

Für die finanzielle Unterstützung meiner Forschungsarbeiten bedanke ich mich bei der Deutschen Forschungsgemeinschaft (DFG – 387674136; 390969378; 407625150) Für die fortwährende Diskussion der Forschungsergebnisse danke ich dem WZL-Getriebekreis und weiteren interessierten Industrievertretern. Zudem wurden die Berechnungen mit Rechenressourcen durchgeführt, die von der RWTH Aachen University im Rahmen des Rechenprojektes rwth0405 gewährt wurden.

Ebenfalls möchte ich mich bei allen Kollegen des Werkzeugmaschinenlabors der RWTH Aachen und im Speziellen bei denen der Abteilung Getriebetechnik bedanken. Insbesondere möchte ich dabei Christoph Löpenhaus für seine hohe Diskussionsbereitschaft, den unermüdlichen Forscherdrang und nicht zu Letzt sein Vertrauen hervorheben, wodurch der Grundstein für diese Arbeit gelegt wurde. Für die wiederkehrende fachliche Diskussion der Forschungsergebnisse bedanke ich mich bei der Gruppe Getriebeuntersuchung und im speziellen bei Philip Konowalczyk, Fabian Goergen, Moritz Trippe, Ronnie Rego und René Greschert.

Im Prüffeld gilt mein besonderer Dank Ed Winkler, Andreas Schumacher, Jürgen Krause und Rico Gros mit seinem Team. Ohne ihre kontinuierliche Unterstützung bei immer spezielleren Prüfaufbauten wären viele Experimente nicht möglich gewesen. Für die Unterstützung bei den umfangreichen Oberflächenmessungen und Randzonenanalysen bedanke ich mich bei Thomas Fischer mit seinem Team und Bernd Krüger. Für die Fertigung der Prüfkörper danke ich Christian May mit seinem Team und im speziellen Jürgen Mainz (†) sowie Jörg Meyer. Meinen studentischen Hilfskräften und Abschlussarbeitern danke ich für ihre unermüdliche Mitarbeit im Büro und im Prüffeld. Hervorheben möchte ich an dieser Stelle insbesondere Sebastian Sklenak, Philipp Glimm, Jurica Jurisa, Matthias Mertens und Christoph Gallo.

Meinen Eltern werde ich immer für die bedingungslose Unterstützung während meiner Ausbildung dankbar sein. Diese Freiheit war die wesentliche Grundlage für meine persönliche und berufliche Entwicklung. Vor allem und mit besonderer Aufmerksamkeit gilt der größte Dank meiner Frau Lena, die mir in den wichtigsten Momenten immer zur Seite stand und stehen wird.

Nettetal, im Juli 2021

Kurzzusammenfassung

Die Oberflächenrauheit und -struktur von Wälzkontakten beeinflussen maßgeblich das Einsatzverhalten in Bezug auf Reibung, Verschleiß und Ermüdung. Aufgrund von Einlaufeffekten findet eine kontinuierliche Veränderung der Oberflächenrauheit während der ersten Lastwechsel statt. In der Regel wird jedoch nur der Oberflächenzustand nach der Fertigung zur Bewertung der Leistungsfähigkeit herangezogen. Mit der Kenntnis der Oberflächeneigenschaften nach dem Einlauf wird aus wissenschaftlicher Sicht eine präzisere Analyse und ein tieferes Verständnis für die Funktion des Wälzkontaktes ermöglicht. Aus wirtschaftlicher Sicht ist eine frühzeitige Bewertung fertigungsbedingter Oberflächen bzgl. ihres Einsatzverhalten im Betrieb wünschenswert, um unnötig hohe Sicherheiten zu vermeiden und Prüfkosten zu verringern.

Aus diesem Grund bestand das Ziel dieser Arbeit in einer Berechnungsmethode zur Vorhersage der geometrischen Oberflächenveränderung im Wälzkontakt. Für den Auslegungsprozess kann auf diese Weise die Lücke zwischen der fertigungsbedingten und der für das Einsatzverhalten relevanten Oberflächentopografie nach dem Einlauf geschlossen werden. Die wissenschaftliche Originalität lag in einer großflächigen Mikrokontaktberechnung, auf deren Basis eine Verbindung von Mikro- und Makroebene hergestellt wurde. Entgegen dem Stand der Technik wurde das Hauptmodell zur Berechnung geschmierter Wälzkontakte auf Mikroebene verankert und bestehende Erkenntnisse zum Einfluss der Hydrodynamik auf Makroebene durch Kennfelder integriert. Der Einfluss des Schmierstoffdrucks wurde durch eine Schmierstoffrandbedingung für die Kontaktberechnung im elastischen Halbraum nach BOUSSINESQ, LOVE und HARTNETT umgesetzt.

Zur Erreichung des Gesamtziels wurden grundlegende Untersuchungen zur geometrischen Oberflächenveränderung während des Einlaufs im Zwei-Scheiben-Kontakt durchgeführt. Die Untersuchungen umfassten sowohl Versuche mit und ohne Schmierung bei reinem Rollen als auch Versuche unter wälzender Beanspruchung. Das Versuchsprogramm bildete insbesondere die Grundlage für eine schrittweise Validierung der Berechnungsmethode. Für die untersuchten Betriebsbedingungen kann die geometrische Oberflächenveränderung während des Einlaufs primär auf den Wirkmechanismus der plastischen Verformung zurückgeführt werden. Die Veränderung einzelner Rauheitsspitzen infolge der Normalkraft konnte durch einen hochgenauen Abgleich von Oberflächentopografien vor und nach dem Experiment quantifiziert werden. Die Untersuchungen bildeten die Grundlage für eine stringente Validierung der entwickelten Berechnungsmethode.

Abstract

The surface roughness and structure of rolling-sliding contacts have a decisive influence on the running behavior in terms of friction, wear and fatigue. Due to running-in effects, there is a continuous change of the surface roughness during the first load cycles. In general, however, only the surface condition after the final manufacturing process is known to evaluate the performance. The knowledge of the surface properties after running-in enables a more precise analysis and a deeper understanding of the function of the rolling-sliding contact from a scientific point of view. From an economic point of view, an early assessment of production-related surfaces with regard to running behavior is desirable in order to avoid exaggerated safety factors and to reduce testing costs.

For this reason, the aim of this work was a calculation method to predict the geometric surface change in rolling-sliding contacts. Based on the calculation method, the gap between the production-related surface and the surface topography after the running-in which is relevant for the performance during operation can be closed already during the design process. The scientific originality is characterized by a large-scale micro contact calculation, which forms the basis for a connection between micro and macro levels. Contrary to the state of the art, the main model for calculating lubricated, rough rolling-sliding contacts was anchored on the micro level and existing knowledge on the influence of hydrodynamics on the macro level was integrated through simplified maps. The influence of the lubricant pressure was implemented by a lubricant boundary condition for the contact calculation in the elastic half-space according to BOUSSINESQ, LOVE and HARTNETT.

In order to achieve the overall goal, basic experimental tests with the focus on the geometric surface changes during running-in were carried out on a disk-on-disk test rig. The investigations comprise tests with and without lubrication for pure rolling conditions as well as tests under sliding conditions. In particular, the test program built the basis for a step-by-step validation of the calculation method. For the operating conditions investigated, the geometric surface change during running-in can be primarily reduced to the mechanism of plastic deformation. The change of single roughness peaks as a result of the loaded contact could be quantified by a high precision comparison of surface topographies before and after the experiment. The experimental tests were used for a stringent validation of the developed calculation method.

Inhaltsverzeichnis

Content

Formelzeichen und Abkürzungsverzeichnis

Formula Symbols and Abbreviations

Kleinbuchstaben

Symbol	Einheit	Bezeichnung
A	mm²	Fläche
a	mm	Achsabstand
$a_1 ... a_4$	-	Koeffizienten/Exponenten in der Näherungsformel der Schmierspalthöhe
A_{solid}	mm²	Fläche der Festkörperkontakte im Mikrokontakt
b	mm	Breite
b_{Steg}	mm	Gemeinsame Breite im Scheiben-Kontakt
by	mm	Breite des fein vernetzten Bereichs in y-Richtung
BY	mm	Breite des grob vernetzten Bereichs in y-Richtung
bz	mm	Breite des fein vernetzten Bereichs in z-Richtung
BZ	mm	Breite des grob vernetzten Bereichs in z-Richtung
$c_1 ... c_8$	-	Koeffizienten bei der Einflusszahlenberechnung für die Deformationsberechnung
C_b	µm	Betrag der Balligkeit des Gegenkörpers
$C_{j \rightarrow k}$	-	Einflusszahl von Element j auf Element k
C_{th}	-	Thermischer Korrekturfaktor nach MURCH/WILSON
d	µm	Auflösung in Vorschubrichtung (Topografiemessung)
$d_{1/2}$	mm	Durchmesser der Prüf-/Gegenscheibe
d_b	mm	Grundkreisradius
$\mathrm{D_{ij}}$	-	Einflusszahl für die Deformationsberechnung
dx	mm	Elementbreite in x-Richtung im fein vernetzten Bereich
dy	mm	Elementbreite in y-Richtung im fein vernetzten Bereich
DY	mm	Elementbreite in y-Richtung im grob vernetzten Bereich
dy	mm	Auflösung orthogonal zur Vorschubrichtung (Topografiemessung)
dz	mm	Elementbreite in z-Richtung
DZ	mm	Elementbreite in z-Richtung im grob vernetzten Bereich

E	N/mm²	Elastizitätsmodul
E_T	N/mm²	Steigung des plastischen Bereichs des Spannungs-Dehnungs-Diagramms
E'	N/mm²	Effektives Elastizitätsmodul der Kontaktpartner
f	-	Schmierstoffdruckfaktor
F_{mess}	N	Messkraft bei der taktilen Oberflächenmessung
F_N	N	Normalkraft
$F_{N,solid}$	N	An den Festkörperkontakten übertragene Normalkraft
F_R	N	Reibkraft
G	-	Materialparameter
g_i	mm	Abstand zwischen Ebene und verformter Geometrie
h	µm	Eindringtiefe des Vickers-Indenters
h	mm	Messbereich in Höhenrichtung
h	mm	Profilhöhe
H	N/mm²	Festigkeitskoeffizient (RAMBERG-OSGOOD)
H	-	Steigung der plastischen Spannungs-Dehnungs-Kurve
H_0	-	Dimensionslose Schmierspalthöhe im Parallelspalt
h_0	µm	Schmierspalthöhe im Parallelspalt
$H_{0,th}$	-	Dimensionslose Schmierfilmhöhe nach MURCH/WILSON (thermisch korrigiert)
h_i	mm	Kontaktabstand der Oberflächen
h_{mittel}	µm	Mittlere Schmiertaschenhöhe
L	-	Thermischer Lastfaktor
l_{ges}	mm	Messlänge
M	-	Gesamtanzahl an Elementen
m_n	mm	Normalmodul
Mr	%	Materialtraganteil
N	-	Anzahl an Elementen in Richtung j
n	1/min	Drehzahl
N	-	Anzahl an Lastwechseln
n	-	Verfestigungsexponent (RAMBERG-OSGOOD)
N_{lim}	-	Grenzlastwechselzahl

N_m	-	Anzahl an Messungen
p	N/mm²	Pressung
p_{Fluid}	N/mm²	Schmierstoffdruck
$\bar{p}_{fluid}$	N/mm²	Durchschnittlicher Schmierstoffdruck
p_H	N/mm²	HERTZ´sche Pressung
$p_{Kontakt}$	N/mm²	Kontaktpressung
p_{lim}	N/mm²	Grenzdruck
p_{max}	N/mm²	Maximale Pressung
$\bar{p}_{solid}$	N/mm²	Durchschnittlicher Festkörperkontaktdruck
Q	l/min	Ölvolumenstrom
q	µm	Schleifaufmaß (radial)
R	mm	Radius
R^*	µm	Rauheitsbezug
R^2	-	Bestimmtheitsmaß der Regression
Ra	µm	Arithmetische Mittenrauwert
R_{bal}	mm	Balligkeitsradius des Gegenkörpers
Re	N/mm²	Streckgrenze
R_k	µm	Kernrautiefe (Abbott-Kurve)
$R_{lim,def}$	mm	Grenzradius bei der Deformationsberechnung
$R_{lim,sigma}$	mm	Grenzradius bei der Spannungsberechnung
R_p	N/mm²	Dehngrenze
R_q	µm	Quadratische Mittelrauheit
R_{sk}	µm	Schiefe des Rauheitsprofil
R_{Sm}	µm	Mittlere Rillenbreite
r_{sp}	µm	Spitzenradius der Tastnadel
R_t	µm	Rautiefe
R_x	mm	Ersatzkrümmungsradius in Rotationsebene
Rz	µm	Gemittelte Rautiefe
Rz_0	µm	Grundrauschen bei der Rauheitsmessung
s	%	spezifisches Gleiten (Schlupf)
T	°C	Temperatur
t	s	Ausfunkzeit

t	min	Messdauer bei der Reibkraftmessung
u	m/s	Geschwindigkeit
U	-	Geschwindigkeitskennzahl
u_0	mm	Annäherung / theoretische Durchdringung
$u_{f=1}$	mm	Annäherung bei f = 1
u_{glatt}	mm	Annäherung für den ideal glatten Kontakt
u_i	mm	Elastische Verformung am Element i
u_{pl}	mm	Plastische Verformung in x-Richtung
v_c	m/s	Umfangsgeschwindigkeit Schleifscheibe
v_{mess}	mm/s	Messgeschwindigkeit
$V_{Öl,EHD}$	mm³	Hydrodynamisch gefördertes Schmierstoffvolumen
v_T	m/s	Tangentialgeschwindigkeit
$V_{Tasche,Last}$	mm³	Schmiertaschenvolumen im belasteten Zustand
v_W	m/s	Umfangsgeschwindigkeit Werkstück
v_Σ	m/s	Summengeschwindigkeit
W	-	Lastparameter
w'	N/mm	Linienlast
x	mm	x-Koordinate
x	mm	Tiefe
X_L	-	Schmierstofffaktor nach SCHLENK [SCHL95 S.112]
x_{max}	mm	Maximale Vernetzungstiefe
x_{min}	mm	Minimale Auswertetiefe
X_{OS}	-	Oberflächenstrukturfaktor nach DOLESCHEL [DOLE03 S.115]
y	mm	y-Koordinate
z	mm	z-Koordinate
z	-	Zähnezahl

Griechische Buchstaben

Symbol	**Einheit**	**Bezeichnung**
α	mm²/N	Druck-Viskositäts-Koeffizient
α_T	1/°K	Temperatur-Viskositäts-Koeffizient

γ	°	Kegelwinkel der Tastnadel
ε	%	Dehnung
ε_{krit}	%	kritische Dehnung (Einsetzen plastischer Verformung)
η	Pa s	Dynamische Viskosität
λ	W/m/K	Wärmeleitfähigkeit des Fluids
Λ	-	Schmierfilmparameter
λ_{rel}	-	Spezifische/relative Schmierfilmdicke
λ_c	mm	Grenzwellenlänge bei der Rauheitsauswertung
λ_s	µm	Kurzwelliger Profilfilter (Mikrofilter)
μ_{grenz}	-	Reibwert bei Grenzreibung
μ_{Fluid}	-	Reibwert bei Flüssigkeitsreibung
μ_{mittel}	-	Mittlerer Reibwert
μ	-	Reibwert
ν	-	Querkontraktionszahl
ν	mm²/s	Kinematische Viskosität
ρ	kg/m³	Dichte
ρ_y	Mm	Krümmungsradius der Zahnflanke im Punkt y
σ	N/mm²	Spannung, Normalspannung
σ_{ES}	N/mm²	Eigenspannung
σ_m	N/mm²	Hydrostatische Spannung
σ_F	N/mm²	Fließspannung
σ_V	N/mm²	Vergleichsspannung
$\sigma_{V,Mises}$	N/mm²	Vergleichsspannung nach VON MISES
$\sigma_{V,Tresca}$	N/mm²	Vergleichsspannung nach TRESCA
ψ	-	Korrelationskoeffizient
ω	1/s	Winkelgeschwindigkeit Prüfwelle
σ_D	µm	Standardabweichung des Differenzprofils
Δn	1/min	Diskreter Drehzahlsprung
$\varepsilon_{V,pl}$	%	Plastische Vergleichsdehnung
Δp	N/mm²	Pressungsdifferenz zwischen Lastniveaus
ε_V	%	Vergleichsdehnung
τ	N/mm²	Schubspannung

δu_{pl}	mm	Inkrement der plastischen Verformung
ε_{FN}	%	Fehler beim Kräftegleichgewicht
ε_{σ}	%	Durchschnittliche Spannungsdifferenz bei der iterativen Berechnung der plastischen Verformung
ε_{Tasche}	%	Fehler des Schmiertaschenvolumens
λ	-	Dämpfungsfaktor
$\delta\varepsilon_{pl}$	-	Inkrement der plastischen Dehnung
$\varepsilon_{R,def,grenz}$	-	Grenzfehler der Einflusszahl bei der Deformationsberechnung (in Formel als Fließkommazahl)
$\varepsilon_{R,sigma,grenz}$	-	Grenzfehler der Einflusszahl bei der Spannungsberechnung (in Formel als Fließkommazahl)
$\varepsilon_{R,def,xmax}$	%	Fehler infolge des Grenzradius bei der Deformationsberechnung in maximaler Auswertetiefe
$\psi_{Fläche}$	%	Festkörperflächenanteil
ψ_{Last}	%	Festkörpertraganteil

Indizes

Symbol	**Bezeichnung**
1	Zwei-Scheiben-Prüfkörper, Ritzel
2	Zwei-Scheiben-Gegenkörper, Rad
ax	in axialer Richtung
def	Deformierter Zustand
Ende	am Ende des Experiments
ges	gesamt
grenz	Grenzwert, zulässiger Wert
i	Bezugselement
I, II, III	Hauptspannungsebenen
ist	Istwert
j, k	Elemente
lok	lokal
M	bei Massentemperatur
max	Maximum
min	Minimum

neu	Ausgangszustand, Neuzustand
Öl	Schmierstoff / Öl
solid	Festkörperkontakt
soll	Sollwert
Start	im Ausgangszustand, am Anfang des Experiments
T	tangential
tan	in tangentialer Richtung
x	x-Richtung (Werkstofftiefe)
xy	in der xy-Ebene
xz	in der xz-Ebene
y	y-Richtung (Gleitbewegung)
yz	in der yz-Ebene
z	z-Richtung (axiale Breite)

Abkürzungen

CHD	Einsatzhärtetiefe
DIN	Deutsches Institut für Normung
EHD	Elastohydrodynamik
FEM	Finite-Elemente-Methode
GB	Gigabyte
GEH	Gestaltänderungsenergiehypothese
HV	Härte Vickers
ISO	International Organization for Standardization
PM-HSS	Pulvermetallurgisch hergestellter Schnellarbeitsstahl
WZL	Werkzeugmaschinenlabor WZL der RWTH Aachen

1 Einleitung

Hochbelastete Wälzkontakte, wie z.B. der Zahnflankenkontakt, sind Beispiele für tribologische Systeme, kurz Tribosysteme. Die Eigenschaften des Tribosystems und das Belastungskollektiv beeinflussen die Leistungsfähigkeit im Betrieb hinsichtlich Tragfähigkeit und Verlustleistung. Die Optimierung von Tribosystemen ist daher eine zentrale Herausforderung zur Steigerung der Leistungsdichte von Antriebssträngen und zur Einhaltung von gesetzlichen Vorgaben zur Ressourceneffizienz und Nachhaltigkeit.

Charakteristisch für Tribosysteme ist eine andauernde Veränderung der Kontaktbedingungen infolge von Einlauf-, Verschleiß- oder Ermüdungsvorgängen während des Betriebs. Die Veränderung ist am stärksten während der Einlaufphase ausgeprägt, durch die maßgeblich die Leistungsfähigkeit in der späteren Betriebsphase bestimmt wird. Durch die gezielte Wahl der Einlaufparameter kann das Tribosystem positiv hinsichtlich Verschleißes, Ermüdung oder Effizienz verändert werden. Neben der Ausbildung von triboinduzierten Grenzschichten findet während der Einlaufphase insbesondere eine Einglättung der Oberflächenrauheit statt.

Für die Auslegung von Tribosystemen stehen neben höherwertigen Berechnungsmethoden vereinfachte Näherungsformeln, wie bspw. die relative Schmierfilmdicke λ_{rel} als Quotient der Schmierfilmhöhe und der Oberflächenrauheit, zur Verfügung. Als Oberflächenrauheit werden dazu normkonforme Rauheitskennwerte wie bspw. Ra, Rz oder Rq für den Zustand nach der Fertigung als Bezugswert verwendet. Bestehende Forschungsarbeiten haben gezeigt, dass mit Kenntnis der Oberflächenrauheit nach Abschluss des Einlaufs eine präzisere Vorhersage der Leistungsfähigkeit des Tribosystems ermöglicht wird. Derzeit existieren jedoch keine Berechnungsansätze zur großflächigen Quantifizierung der lokalen geometrischen Oberflächenveränderung während der Einlaufphase von Wälzkontakten, sodass die Vorhersage auslegungsrelevanter Rauheitskennwerte nach dem Einlauf bzw. vor dem Betrieb nicht möglich ist.

Im Rahmen der vorliegenden Arbeit wird eine großflächige Mikrokontaktberechnung entwickelt, mit der die Lücke zwischen der fertigungsbedingten Oberflächenrauheit und der sich im Betrieb einstellenden Oberflächenrauheit geschlossen wird. Bei der Entwicklung der Berechnungsmethode besteht die wissenschaftliche Herausforderung in der Definition der notwendigen Berechnungsauflösung für die einzelnen Rauheitsspitzen und in der Optimierung der einzelnen Berechnungsschritte hinsichtlich der großflächigen Kontaktberechnung mit einer Vielzahl an Elementen. Zudem ist anhand von experimentellen Untersuchungen die These zu überprüfen, inwiefern die Oberflächeneinglättung während der Einlaufphase primär auf den Wirkmechanismus der plastischen Verformung zurückgeführt werden kann. Aus wirtschaftlicher Sicht können mit der Kenntnis der geometrischen Oberflächenveränderung leistungssteigernde Einlaufprozeduren abgeleitet werden und ein wichtiger Beitrag zur Ressourceneffizienz geleistet werden. Aufgrund des großflächigen Ansatzes wird die Berechnung normkonformer Rauheitskennwerte ermöglicht, sodass eine direkte Vergleichbarkeit zu bisherigen experimentellen Erkenntnissen möglich ist.

Introduction

Heavily loaded rolling-sliding contacts, e. g. the tooth flank contact, are examples of tribological systems. The properties of the tribological system and the load spectrum influence the performance in operation in terms of load capacity and power loss. The optimization of tribological systems is therefore a central challenge to increase the power density of drive trains and to comply with legal requirements for resource efficiency and sustainability.

A characteristic of tribological systems is a continuous change of the contact conditions as a result of running-in, wear or fatigue during operation. The change is most pronounced during the running-in phase, which largely determines the performance in the later operating phase. By carefully selecting the running-in parameters, the tribological system can be changed positively in terms of wear, fatigue or efficiency. Besides the formation of tribo-induced boundary layers, the surface roughness is smoothed during the running-in phase.

In addition to sophisticated calculation methods, simplified approximation formulas, such as the relative lubricant film thickness λ_{rel} as the quotient of the lubricant film height and the surface roughness, are available for the design of tribological systems. Standard roughness parameters, such as Ra, Rz or Rq, are used as a reference values to quantify the surface roughness after production. Existing research has shown that knowing the surface roughness after the running-in process enables a more precise prediction of the performance of the tribological system. At present, however, there are no calculation approaches for a large-scale quantification of the local geometric surface change during the running-in phase of rolling-sliding contacts, so that it is not possible to predict design-relevant roughness parameters after running-in or before operation.

Within the scope of the present work, a large-scale micro contact calculation is developed, in order to close the gap between the production-related surface roughness and the surface roughness occurring during operation. In developing the calculation method, the scientific challenge is to define the required resolution for the individual roughness peaks and to optimize the individual calculation steps with regard to the large-scale contact with a high number of elements. In addition, based onexperimental tests, the research thesis is proved if the occurring surface smoothing during the running-in phase can primarily be attributed to the mechanism of plastic deformation. From an economic point of view, performance-enhancing running-in procedures can be derived with the knowledge of the geometric surface change. Based on this knowledge, an important contribution to resource efficiency and sustainability can be made. Due to the large-scale calculation approach on the micro level, the calculation of standard-compliant roughness parameters is made possible, so that a direct comparison with previous experimental results and conclusions is possible.

2 Stand der Erkenntnisse

State of the Art

Zur Vorhersage der geometrischen Oberflächenveränderung im Wälzkontakt ist ein grundlegendes Verständnis für den Aufbau von tribologischen Systemen erforderlich. Im ersten Teil des folgenden Abschnittes werden daher die Elemente eines Tribosystems, deren Eigenschaften und die physikalischen Wirkzusammenhänge zusammengeführt. Ein weiterer Fokus liegt auf der Beschreibung der Festigkeit von Stahlwerkstoffen im Volumen und an der Oberfläche und der Zusammenfassung bestehender Methoden zur Bestimmung der Werkstofffestigkeit. Abschließend werden derzeitige Methoden zur Kontaktberechnung zweier Körper und zur Berechnung des geschmierten Wälzkontakts erläutert. Aufbauend auf den Ausarbeitungen im Stand der Erkenntnisse wird der Forschungsbedarf für die vorliegende Arbeit abgeleitet.

2.1 Einlauf technischer Oberflächen unter Wälzbeanspruchung

Running-In of Technical Surfaces under Rolling-Sliding Conditions

Die Veränderung der tribologischen Kontaktbedingungen bei der Inbetriebnahme ist ein bei vielen Maschinenelementen beobachtetes Phänomen, dessen Ausprägung einen entscheidenden Einfluss auf die spätere Leistungsfähigkeit des Tribosystems hat. Im Allgemeinen wird diese anfängliche Veränderung als Einlauf oder Einlaufphase bezeichnet und kann nach der AMERICAN SOCIETY OF METALS folgendermaßen definiert werden [ASMI92 S.16]:

In tribology, an initial transition process occurring in newly established wearing contacts, often accompanied by transients in coefficient of friction, wear rate, or both, that are uncharacteristic of the given tribological system's long-term behavior.

Im Wälzkontakt findet generell bei allen neu gefertigten Oberflächen ein gezielter oder ungewollter Einlauf statt, wobei die Art und die Ausprägung in Abhängigkeit von den Ausgangs- und Betriebsbedingungen variieren können. Auf der einen Seite verändert sich der Wälzkontakt während der Einlaufphase geometrisch durch eine Einglättung der Rauheit [PREX90 S.36 ff., VOLG91 S.86 f., LÖPE15 S.60 ff.]. Auf der anderen Seite treten Veränderungen der Randzone in Form von Gefügeveränderungen oder durch die Ausbildung von triboinduzierten Schichten auf [GOHR82 S.86 f., VOLG91 S.67 ff., LOHN16 S.87 ff., GRES19 S.61 ff.]. Die unterschiedlichen Dimensionen des Einlaufs werden mit folgender Definition nach DIN ISO 4378 bekräftigt [ISO09 S.9]:

Prozess der Veränderung sowohl der Geometrie der in relativer Gleitbewegung befindlichen Oberflächen als auch der physikalischen und mechanischen Eigenschaften des Oberflächenmaterials in der Anfangsphase der Reibung, der sich bei gleichbleibenden äußeren Bedingungen üblicherweise am Abfall von Reibungskraft, Temperatur und Verschleißintensität ablesen lässt.

Aus den experimentellen Untersuchungen ist bekannt, dass Einlaufeffekte auf die tribologische Beanspruchung innerhalb der Kontaktfläche zurückgeführt werden können.

In hochbelasteten Maschinenelementen wird ein optimierter Einlauf zur gezielten Leistungssteigerung im späteren Betrieb genutzt. Nachfolgend werden der Aufbau tribologischer Systeme und die zeitliche Veränderung infolge von unterschiedlichen Verschleißmechanismen strukturiert. Zudem werden die Erkenntnisse zu den Auswirkungen des Einlaufs zusammengefasst dargestellt.

2.1.1 Aufbau tribologischer Systeme

Structure of Tribological Systems

Hochbelastete Wälzkontakte, wie z. B. der Zahnflankenkontakt, sind Beispiele für tribologische Systeme, kurz Tribosysteme [JOST06 S.24 ff.]. Tribologische Systeme erfüllen durch die Relativbewegung der Kontaktflächen zueinander unterschiedlichste Funktionen, die in die Bereiche Energieumsetzung, Informationsfluss oder Stofftransport eingeteilt werden können [CZIC10 S.9]. Das Einsatzverhalten eines Tribosystems wird systematisch mit der Lehre der Tribologie (Griechisch: Reibungslehre) analysiert [GFT02 S.3]. Die einzelnen Parameter und Einflussgrößen des Tribosystems können mithilfe einer Systemanalyse in Eingangsgrößen, die Systemstruktur und Ausganggrößen separiert werden, vgl. **Bild 2-1**. Die Eingangsgrößen lassen sich zum einen in die operativen Größen Normalkraft, Geschwindigkeit, Temperatur sowie Wirkdauer und zum anderen in die Wirkbewegung einteilen. Die Wirkbewegung umfasst die Bewegungsarten Rollen, Gleiten, Bohren und Stoßen sowie Kombination hiervon, die Dimension und den Zeitverlauf der Bewegung [CZIC10 S.59]. Bei einer wälzenden Bewegung überlagern sich die Bewegungsarten Rollen und Gleiten [GFT02 S.8].

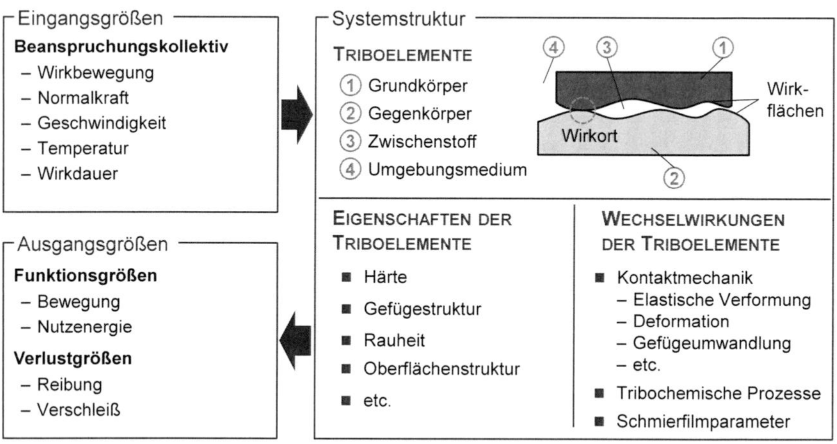

Bild 2-1: Systemanalyse und Modellvorstellung tribologischer Systeme [CZIC10 S.18]
System Analysis and Model Conception of Tribological Systems

Die Systemstruktur setzt sich aus den vier Triboelementen Grundkörper, Gegenkörper, Zwischenmedium und Umgebungsmedium zusammen. Die Triboelemente werden innerhalb der Systemstruktur durch ihre Eigenschaften (Härte, Gefügestruktur, Oberflächenrauheit und -struktur etc.) und die gegenseitigen Wechselwirkungen untereinander charakterisiert. Die Wechselwirkungen finden zwischen den Wirkflächen an den sogenannten Wirkorten mit direktem Oberflächenkontakt statt. Dabei spielen die Kontaktmechanik, die tribochemischen Prozesse an der Oberfläche und der Schmierfilmparameter eine zentrale Rolle. Die Ausgangsgrößen des Tribosystems sind die Funktions- und die Verlustgrößen. [CZIC10 S.18]

Bei der Analyse von Tribosystemen werden die Eigenschaften und die Wechselwirkungen der Triboelemente auf unterschiedlichen Skalen beschrieben. Auf der Makroebene werden die funktionalen Kenngrößen des Tribosystems (Kräfte, Geschwindigkeiten etc.) und die volumenbezogenen Eigenschaften der Triboelemente, wie bspw. die Festigkeit des Grundgefüges und die Krümmungsradien der Körper, zusammenfasst. Demgegenüber werden auf Mikroebene lokale Kontaktvorgänge an einzelnen Mikrowirkorten und die Eigenschaften der oberflächennahen Bauteilrandzone beschrieben. Neben der Feingestalt der Oberfläche in Form von Welligkeit und Rauheit werden die unterschiedlichen Materialeigenschaften der Randzone auf Mikroebene mithilfe der Modellvorstellung für technische Oberflächen analysiert. [CZIC10 S.12 ff.]

Technische Oberflächen können nach SCHMALZ in die drei Bereiche Grundgefüge, innere Grenzschicht und äußere Grenzschicht unterteilt werden [SCHM36 S.18 ff.]. Die innere Grenzschicht bildet den Übergang zum Grundgefüge und entsteht durch die Verformung und Verfestigung des Gefüges infolge der Endbearbeitung oder infolge von Belastungen während des Einlaufs und Betriebs [CZIC10 S.20]. Die äußere Grenzschicht besitzt häufig eine andere chemische Zusammensetzung als der Grundwerkstoff und kann durch die Reaktion, Absorption und Adsorption mit den umliegenden Medien während des Fertigungsprozesses oder des Betriebs durch den Eintrag von mechanischer oder thermischer Energie entstehen [SCHU09 S.39 ff., CZIC10 S.20]. Der Übergang zwischen innerer und äußerer Grenzschicht wird als Tribomutationsschicht bezeichnet. Die Tribomutationsschicht entsteht infolge von physikalischen und chemischen Wechselwirkungen der Kontaktpartner, die bei einem ausreichenden Energieeintrag in der Kontaktzone stattfinden [SCHE05 S.3 ff.]. Die Eigenschaften der Grenzschicht spielen eine zentrale Rolle für die Leistungsfähigkeit des Tribosystems.

2.1.2 Zeitliche Veränderung tribologischer Systeme

Temporal Changes of Tribological Systems

In Abhängigkeit vom Ausgangszustand und von der Betriebsbedingungen verändert sich das tribologische System über die Lastspielzahl kontinuierlich. Der Grad der Veränderung unterscheidet sich in der Regel entlang der Bauteilnutzung und wird in die drei Phasen Einlauf, Ermüdung und Schadensfortschritt unterteilt [CZIC10 S.157]. Während der Einlaufphase ist die Veränderung der tribologischen Kontaktbedingungen durch einen degressiven Verlauf mit einem ausgeprägten Gradienten zu Beginn gekennzeichnet. Anschließend stellt sich während der Ermüdungsphase eine kontinuierliche, konstante Veränderung ein, die je nach Betriebsbedingung zu einem initialen Schaden führt. Beim Zahnflankenkontakt ist die Ausprägung der Veränderung während der Ermüdungsphase abhängig von der Schadensart. Neben kontinuierlichem abrasivem Verschleiß können in dieser Phase aufgrund der Materialermüdung Grauflecken- und Grübchenschäden entstehen [KLOC17 S.375 ff.]. In der Phase des Schadensfortschritts verändert sich das Tribosystem durch den Eintritt eines initialen Schadens schneller als in der Ermüdungsphase, wobei sich der Verlauf progressiv ausbildet und letztlich zum Ausfall des Maschinenelements führt.

Während der Einlaufphase verändern sich verschiedene Eigenschaften des Grund- und Gegenkörpers. Zum einen findet infolge der tribologischen Beanspruchungen eine Einglättung der Oberflächenrauheit statt, sodass sich die Kontaktgeometrie auf Mikroebene ändert [PREX90 S.36 ff., LÖPE15 S.61]. Zum anderen kann im Volumen der oberflächennahen Randzone eine Gefügeveränderung [GOHR82 S.79 ff. und 92 ff., VOLG91 S.67 ff.] und an der Oberfläche die Ausbildung von triboinduzierten Grenzschichten experimentell nachgewiesen werden [BREC16b S.139 f., LOHN16 S.87 ff., GRES19 S.46 ff.]. Bei einem Wechsel der Betriebsbedingungen, z. B. durch eine Erhöhung der Last oder Drehzahl, liegen in der Regel keine stationären Kontaktbedingungen mehr vor, und ein erneuter Einlauf des tribologischen Systems findet statt. BAGH beobachtete beispielsweise bei der Reibkraftmessung im Stufenverfahren einen degressiven Reibkraftverlauf beim Wechsel jeder Laststufe [BAGH15 S.53 f.].

Bei der Durchführung von Tragfähigkeits- und Wirkungsgraduntersuchungen wird die Veränderung des Tribosystems infolge wechselnder Betriebsbedingungen zur gezielten Leistungssteigerung des Tribosystems genutzt. MICHAELIS stellte bei der Untersuchung der Fresstragfähigkeit von Stirnrädern fest, dass mit der gezielten Wahl der Einlaufparameter Fressschäden verhindern werden können [MICH87 S.85]. TOBIE nutzte bei der Untersuchung der Grübchentragfähigkeit einen zweistufigen Einlauf mit anschließendem Prüflauf zur gezielten Einglättung und zur Vermeidung von Graufleckigkeit [TOBI01 S.69]. SOSA stellte auf Basis von In-situ-Messungen fest, dass die Veränderung der Oberflächenrauheit abhängig vom Schlupf und der Normalkraft entlang der Eingriffsstrecke ist [SOSA15 S.37]. Hohe Einlauflasten wirkten sich dabei günstig auf den Wirkungsgrad aus.

Die Dauer der Einlaufphase ist abhängig von den Betriebsbedingungen des Tribosystems und wesentlich kürzer als die anschließende Ermüdungsphase. Die Einlaufphase gilt als abgeschlossen, wenn die Verlustgrößen des Tribosystems (Reibung und Verschleiß) von dem anfänglich degressiven Verlauf zu einem konstanten Wert wechseln [CZIC10 S.157]. Bei der Analyse von Verlustgrößen während des Einlaufs, wie bspw. dem Reibkoeffizienten, wird in vielen Arbeiten der Abschluss des Einlaufs innerhalb kurzer Zeit bzw. wenigen tausend Lastwechseln beobachtet [PREX90 S.36, BAGH15 S.54, LÖPE15 S.40, LOHN16 S.83 ff.]. LOHNER untersuchte die Reibung im Scheiben- und Zahnflankenkontakt mit unterschiedlicher Additivierung und stellte nach 400 Lastwechseln keine Veränderung des Reibwerts mehr fest [LOHN16 S.91].

Bei der Bewertung der Einlaufdauer anhand des Reibkoeffizienten findet eine Überlagerung von geometrischer und chemischer Oberflächenveränderung statt. Die geometrische Veränderung infolge einer Deformation der Rauheitsspitzen ist im Vergleich zum chemischen Einlaufprozess an der Oberfläche der Kontaktpartner frühzeitig abgeschlossen. Bei einer Ausgangsrauheit von Ra = 0,45 µm ermittelte LEUBE, dass nach 500 Lastwechseln ca. 75 % des Rauheitskennwerts verbleibt [LEUB86 S.65]. VOLGER beobachtete bei geschliffenen Oberflächen mit einer Ausgangsrauheit von Rz = 3-4 µm den Übergang der geometrischen Oberflächenveränderung in den stationären Zustand innerhalb der ersten zehn Lastwechsel [VOLG91 S.35 ff.]. Auf Basis eines hochgenauen Abgleichs von Oberflächenmessschrieben mittels Referenzmarkierungen bestätigte YUSOF die Analyse von VOLGER und stellte weiterhin fest, dass sich Material von den Rauheitsspitzen zu den Rauheitstälern verschiebt, wobei das Gesamtvolumen der Oberflächenspitzen nicht konstant blieb [YUSO16 S.501].

2.1.3 Verschleißmechanismen in tribologischen Systemen

Wear Mechanisms in Tribological Systems

Die zeitliche Veränderung von Tribosystemen infolge einer Wälzbeanspruchung kann auf unterschiedliche Ursachen zurückgeführt werden. Neben der Deformation der Kontaktflächen bei Überschreitung der Fließgrenze kann die tribologische Beanspruchung zu Verschleiß führen. Im Begriff „Verschleiß“ wird sowohl der Prozess des Verschleißens als auch das Ergebnis zusammengefasst [ISO09 S.4]. Der Verschleißprozess wird nach DIN ISO 4378 Teil 2 als „Prozess des Materialverlusts aus der Oberfläche eines festen Körpers definiert, der durch Reibung hervorgerufen wird und als allmähliche Verringerung der Masse und/oder als Änderung der Gestalt des Körpers in Erscheinung tritt“ [ISO09 S.4].

Der Verschleiß eines Tribosystems kann auf die vier Hauptverschleißmechanismen Oberflächenzerrüttung, Abrasion, Adhäsion und tribochemische Reaktion zurückgeführt werden, wobei in der Regel eine Überlagerung und gegenseitige Beeinflussung zwischen den einzelnen Mechanismen auftritt [CZIC10 S.117 f.]. Die vier Verschleißmechanismen können zum einen den mechanischen und zum anderen den stofflichen Wechselwirkungen zugeordnet werden, vgl. Bild 2-2. Bei der Oberflächenzerrüttung und Abrasion führen lokale Kontaktkräfte und die daraus resultierenden Spannungen zu Rissinitiierung und -wachstum bzw. zur Mikrospanbildung. Bei den Verschleißmechanismen Adhäsion und tribochemische Reaktion bewirken hingegen Wechselwirkungen auf atomarer und molekularer Ebene eine Ausbildung von Grenzflächenverbindungen (Kaltverschweißungen) bzw. eine Veränderung des Grund- und Gegenkörpers durch chemische Reaktion mit den umliegenden Medien.

Während des Betriebs eines Tribosystems sind die vier grundlegenden Verschleißmechanismen in den jeweiligen Phasen unterschiedlich stark ausgeprägt. Während der Einlaufphase spielen die Mechanismen Abrasion und tribochemische Reaktion eine zentrale Rolle [LOHN16 S.87 f., YUSO16 S.501]. Abrasion kann ab dem ersten Lastwechsel auftreten und kommt im Idealfall mit Abschluss der Einlaufphase zum Erliegen [MÖLL02 S.17]. Demgegenüber ist die tribochemische Reaktion ein kontinuierlicher Prozess, der neben Korrosion wesentlich durch die Additivierung des Schmierstoffs und den lokalen Energieeintrag beeinflusst wird. Zum Schutz der kontaktierenden

Oberflächen ist die Fortsetzung der tribochemischen Reaktion bis in die Ermüdungsphase gewollt und kann für eine betriebssichere Auslegung zielführend sein.

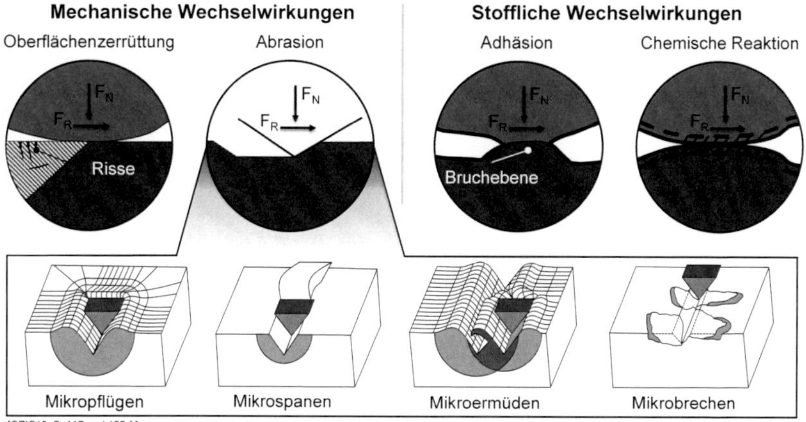

[CZIC10, S. 117 und 122 f.]

Bild 2-2: Verschleiß- und Abrasionsmechanismen [CZIC10 S.117 f. und 122 f.]
Wear and Abrasion Mechanisms

Aufgrund der geringen Lastspielzahl während des Einlaufs tritt der Verschleißmechanismus Oberflächenzerrüttung zunächst nicht auf, beeinflusst in der darauffolgenden Ermüdungsphase jedoch maßgeblich die Veränderung des Tribosystems. Der Verschleißmechanismus Adhäsion kann bereits nach einem Lastwechsel auftreten und wird in der Regel für den gesamten Betrieb durch die geeignete Vorauswahl der Triboelemente verhindert [MÖLL02 S.17].

Während der Einlaufphase spielt neben der tribochemischen Reaktion somit der Verschleißmechanismus der Abrasion die zentrale Rolle hinsichtlich Verschleiß. Der Abrasionsprozess kann auf die vier Abrasionsmechanismen Mikropflügen, Mikrospanen, Mikroermüden und Mikrobrechen zurückgeführt werden (Bild 2-2). Für die Einlaufphase im Wälzkontakt sind insbesondere das Mikropflügen und -spanen als zentrale Abrasionsmechanismen zu nennen. Während beim Mikropflügen das Material plastisch verformt und sich Furchungsaufwürfe an den Rändern bilden, wird beim Mikrospanen das Material der Furche durch Mikrospanbildung vollständig abgetrennt. [CZIC10 S.122 f.]

2.1.4 Reibung im Wälzkontakt

Friction in Rolling-Sliding Contacts

In Abhängigkeit von den Betriebsbedingungen, der Kontaktgeometrie und der Schmierstoffversorgung stellen sich in der Kontaktzone zweier relativ zueinander bewegter Oberflächen unterschiedliche Reibungszustände ein. Zwischen Festkörperreibung bei ruhenden Oberflächen und reiner Flüssigkeitsreibung bei ausreichender Hydrodynamik bilden sich alle Zwischenstufen der Reibung aus. Die unterschiedlichen Reibungszustände können anhand der STRIBECK-Kurve verdeutlicht werden, bei der

der Reibwert μ über der hydrodynamisch wirksamen Geschwindigkeit aufgetragen wird [STRI03 S.11 ff.], siehe **Bild 2-3**. Der Reibwert ist nach dem COULUMB´schen Gesetz als Proportionalitätsfaktor zwischen Normalkraft und Reibkraft definiert, **Formel (2.1)**.

$$F_R = \mu \cdot F_N \tag{2.1}$$

Ohne Tangentialgeschwindigkeit der Oberflächen herrscht Haftreibung mit einem hohen Reibwert, die von Grenzreibung bei geringen Geschwindigkeiten abgelöst wird, vgl. Bild 2-3. Im Mischreibungsgebiet sinkt der Reibwert kontinuierlich ab, weil sich aufgrund der Hydrodynamik ein Schmierfilm aufbaut und die Normalkraft sowohl über den Fluiddruck als auch über die Festkörperkontakte an den Rauheitsspitzen übertragen wird [STRI03 S.14, SCHL10 S.28 f.]. In Abhängigkeit von den Schmierungsbedingungen, der Normalkraft und der Oberflächenrauheit überwiegt entweder der Festkörper- oder der Flüssigkeitstraganteil. Der Übergang zwischen Mischreibung und reiner Flüssigkeitsreibung wird als Ausklinkpunkt bezeichnet. Der Reibwert findet in diesem Punkt sein Minimum. Bei einer weiteren Steigerung der Relativgeschwindigkeit nimmt die Flüssigkeitsreibung im Schmierstoff zu. Der degressive Verlauf ist auf die sinkende Viskosität des Schmierstoffs infolge der ansteigenden Reibwärme zurückzuführen.

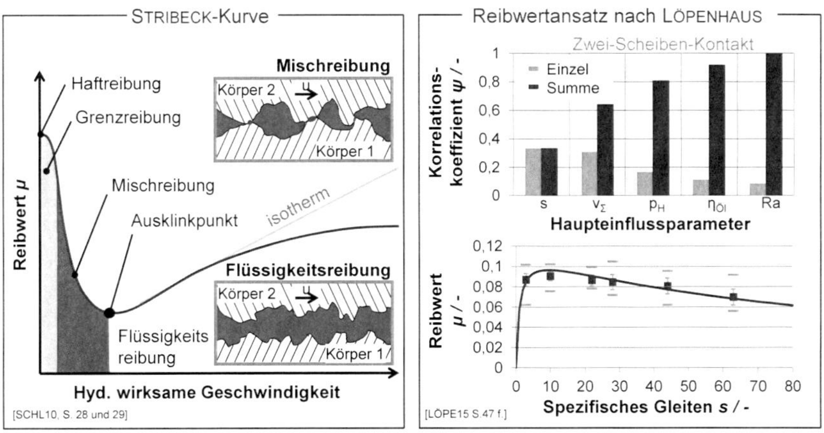

Bild 2-3: Reibungszustände und Einflussanalyse auf den Reibwert bei zahnradtypischen Kontaktbedingungen [SCHL10 S.28 ff., LÖPE15 S.47 f.]
Friction Conditions and Influence Analysis of the Friction Coefficient for Gear-typicial Contact Conditions [SCHL10 S.28 ff., LÖPE15 S.47 f.]

Neben der hydrodynamisch wirksamen Geschwindigkeit gibt es für die Kontaktbedingungen im Zahnflankenkontakt verschiedene weitere Einflussgrößen auf den Reibwert. LÖPENHAUS entwickelt auf Basis von experimentellen Versuchsreihen aus dem Zwei-Scheiben-Versuch eine Regressionsformel für den Reibwert [LÖPE15 S.47 f.], vgl. **Formel (2.2)**. Der Versuchsplan für den Zwei-Scheiben-Versuch fokussiert auf zahnradtypischen Kontaktbedingungen (Mischreibung), um eine lokale Übertragung auf den Zahnflankenkontakt zu ermöglichen. Die Haupteinflussgröße auf den Reibwertansatz nach LÖPENHAUS ist das spezifische Gleiten s (Schlupf), siehe Bild 2-3 unten. Der Reibwert bildet sich mit steigendem Schlupf möwenförmig aus, wobei die Lage und der Betrag des Maximums wesentlich von der Summengeschwindigkeit und der Pressung abhängig ist [STÖß71 S.53 Bild 30]. Zudem zeigt die Summengeschwindigkeit einen ausgeprägten Einfluss des Reibwerts beim Ansatz nach LÖPENHAUS, was die Ergebnisse von STRIBECK bestätigt [STRI03 S.11 ff.]. Einen untergeordneten Einfluss auf den Reibwert haben die Pressung, die Ölviskosität und die Rauheit.

$$\mu = 93{,}25 \cdot \frac{e^{-0{,}0001 \cdot p_H} \cdot Ra^{0{,}055}}{v_\Sigma^{\,0{,}13} \cdot R_x^{\,0{,}2}} \cdot \left(8{,}51 \cdot 10^{-6} \cdot \eta_{Öl}^2 - 0{,}001 \cdot \eta_{Öl} + 0{,}55\right) \cdot \frac{|s|}{(|s| + 108{,}1)^2 - 11630} \cdot X_L \cdot X_{OS} \tag{2.2}$$

$$mit \quad s = \frac{v_{T1} - v_{T2}}{v_{T1}} \quad ; \quad v_\Sigma = v_{T1} + v_{T2} \quad und \quad R_x = \frac{R_{x1} \cdot R_{x2}}{(R_{x1} + R_{x2})}$$

2.2 Statische Festigkeit von Stahlwerkstoffen

Static Strength of Steel Materials

Während der Einlaufphase von Wälzkontakten können in der Randzone plastische Verformungen auftreten, die zu einer bleibenden Einglättung der Oberfläche führen. Plastische Verformungen werden durch eine Überschreitung der lokalen Fließgrenze hervorgerufen und werden daher auch als Fließen bezeichnet. Im Gegensatz zu einer elastischen Verformung sind plastische Verformungen irreversibel und haben eine Deformation des Bauteils zur Folge (Geometrieänderung). Der Betrag der Deformation ist abhängig von der lokalen Beanspruchung infolge der äußeren Kräfte und der Materialfestigkeit. [DOEG07 S.13 ff.]

Die plastische Verformung von Metallen basiert auf Versetzungen [BLEC07 S.71]. Versetzungen stellen eindimensionale, linienförmige Kristallbaufehler im Materialgefüge dar, die als Stufen- oder Schraubenversetzungen ausgeprägt sein können [BARG05 S.8]. Bei einer äußeren Belastung, die über die Elastizitätsgrenze des Werkstoffs hinausgeht, wandern Versetzungen auf den dichtest bepackten Ebenen der Kristallgitterstruktur im Material, was zur plastischen Verformung des Werkstoffs und folglich zur Geometrieänderung führt [BARG05 S.19].

Mit steigendem Betrag der plastischen Verformung wird bei Stählen ein Anstieg der Festigkeit beobachtet. Diese Festigkeitssteigerung kann auf die Bewegungshemmung zurückgeführt werden, welche durch die Wechselwirkungen der Versetzung mit Hindernissen in der Gitterstruktur verursacht wird. Neben benachbarten Versetzungen stellen nulldimensionale sowie zwei- und dreidimensionale Gitterfehler, wie z. B. Leerstellen, Korngrenzen, Einschlüsse oder Mikroporen Hindernisse für den Fortschritt des Versetzungswanderns dar. Neben der Gitter- und Gefügestruktur wird das Verfestigungsverhalten von äußeren Einflussfaktoren, wie z. B. dem Umformgrad, der Temperatur oder der Dehngeschwindigkeit, maßgeblich beeinflusst [BLEC07 S.71 ff.]. In den folgenden Kapiteln werden unterschiedliche Verfahren zur Ermittlung des Festigkeitsverhalten von Stahlwerkstoffen vorgestellt. Zudem werden charakteristische Materialkennwerte zur Beschreibung von elastisch-plastischen Materialverhalten und deren Verwendung in Berechnungsmodellen eingeführt.

2.2.1 Ermittlung der Werkstofffestigkeit im Zug- und Stauchversuch

Determination of Material Strength by Tensile / Compressive Test

Ein etabliertes Prüfverfahren zur Ermittlung von Werkstoffkennwerten ist der Zug- bzw. Stauchversuch [ISO17]. Der Zugversuch dient zur Ermittlung des Werkstoffverhaltens bei stetig steigender, uniaxialer Prüflast. Als Prüfkörper werden in der Regel Stabproben verwendet, sodass sich ein näherungsweise einachsiger Spannungszustand unter Last einstellt. Der Form des Querschnitt (Stabprobe) variiert je nach Untersuchungsfokus von rund bis sechseckig [ISO17 S.18]. Durch die Aufbringung der Prüfkraft tritt zunächst eine elastische und mit steigender Belastung eine plastische Verformung der Probe auf. Das Ende des Versuchs kennzeichnet sich durch eine plastische Instabilität aus, bei der es zu einer Einschnürung (Querschnittsverringerung) der Probe kommt und nur noch ein kleiner Bereich der Probe plastisch verformt wird.

Zur Analyse und Bewertung der Versuchsdaten aus dem Zug-/ Stauchversuch wird das Spannungs-Dehnungs-Diagramm genutzt [DOEG07 S.13]. Im Spannungs-Dehnungs-Diagramm wird die Spannung im Querschnitt bezogen auf den Ausgangsdurchmesser der Probe über der Gesamtdehnung aufgetragen. In Abhängigkeit von den Materialeigenschaften ergeben sich für Metalle charakteristische Verläufe im Spannungs-Dehnungs-Diagramm. Zu Beginn der Belastungssteigerung ist die Verformung der Probe rein elastisch, sodass sich ein linearer Zusammenhang zwischen Spannung und Dehnung einstellt. Die Steigung der Geraden entspricht dabei dem Elastizitätsmodul des Werkstoffs. Mit steigender Prüfkraft erreicht der Werkstoff seine Elastizitätsgrenze (Streckgrenze R_e), sodass sich der elastischen Verformung ein plastischer Verformungsanteil überlagert und die Spannung folglich degressiv ansteigt. Bei Metallen ist der Übergang zwischen elastischer und plastischer Verformung in der Regel fließend, sodass eine präzise Angabe der Streckgrenze nur mit hohem messtechnischen Aufwand möglich ist [BLEC07 S.52]. Aus diesem Grund wird bei Metallen die Dehngrenze ausgewertet. Die Dehngrenze gibt die Spannung an, bei der ein bestimmter, prozentualer Betrag der plastischen Verformung (bspw. 0,2 %) überschritten wird [ISO17 S.25].

Für die Berechnung umformtechnischer Prozesse wird in der Regel die Fließkurve verwendet. Im Vergleich zum Spannungs-Dehnungs-Diagramm wird bei der Fließkurve die Fließspannung über dem Umformgrad aufgetragen. Nach Doege ist „die Fließspannung die Spannung, die im einachsigen, homogenen Spannungszustand plastische Verformung eines Werkstoffs einleitet bzw. aufrechterhält“ [DOEG07 S.64]. Zur Berechnung der Fließspannung wird nicht der Ausgangsquerschnitt der Probe, sondern der tatsächliche Querschnitt infolge der Einschnürung berücksichtigt [DOEG07 S.114 f.].

Neben dem einachsigen Zugversuch existieren unterschiedliche Verfahrensvarianten, die sich hinsichtlich Lastaufbringung (z. B. Zug, Druck, Biegung oder Torsion) und der Probengeometrie unterscheiden. In Abhängigkeit vom Prüfverfahren können sich unterschiedliche Spannungs-Dehnungs-Diagramme mit Abweichung von 30 % ergeben [KOPP98 S.55]. Neben Ungenauigkeiten bei der Einstellung und Aufnahme der Versuchsbedingungen liegen die Ursachen für die verfahrensbedingten Unterschiede in der Unsicherheit bei der Berechnung der Fließspannung für mehrachsige Spannungszustände sowie bei Inhomogenitäten des Spannungs- und Formänderungszustands [KOPP98 S.55 f.]. Als grobe Einordnung der Prüfverfahren kann festgehalten werden, dass im Stauchversuch in der Regel höhere Fließspannungen ermittelt werden als im einachsigen Zugversuch [DOEG86 S.34].

2.2.2 Quantifizierung oberflächennaher Fließgrenzen

Quantification of Surface Yield Strength

Die Materialeigenschaften an der Oberfläche und im Volumen eines Bauteils können aufgrund der Herstellungshistorie deutliche Differenzen aufweisen. Beispielsweise führt ein mechanischer Energieeintrag durch Kugelstrahlen zu einer Verfestigung des Werkstoffs und der Einbringung von Druckeigenspannungen, was zu einer Steigerung der Fließgrenze der oberflächennahen Randzone führt [KÖCH96 S.31 ff.]. Die lokalen Werkstoffeigenschaften können durch Proben mit möglichst gleichen Materialeigenschaften über dem Querschnitt untersucht werden, jedoch ist die Herstellung von Prüfkörpern mit gleichen Eigenschaften über den Querschnitt herausfordernd und nur begrenzt möglich [MURA02 S.35 ff.]. Aus diesem Grund entwickelte BARTEL zur Ermittlung oberflächennaher Materialkennwerte eine Prüfmethode auf Basis von Mikrohärtemessungen [BART01 S.15 ff.].

In der Methode wird für den Betrag des Grenzdrucks als Fließkriterium für die Kontaktberechnung im Halbraum vereinfachend die Universalhärte herangezogen [BART01 S.16]. Die Universalhärte bzw. Martenshärte ist als Prüfkraft pro Fläche definiert und kann mit dem Kraft-Eindringtiefen-Verfahren ermittelt werden [ISO15 S.16]. Im Gegensatz zu verbreiteten Härteprüfverfahren wird beim Kraft-Eindringtiefen-Verfahren neben der plastischen Verformung ebenfalls die elastische Verformung bei der Auswertung berücksichtigt. Für Mikrohärtemessungen unmittelbar an der Oberfläche empfiehlt BARTEL als Eindringkörper die Vickerspyramide [BART01 S.19 f.]. In diesem Fall nimmt der Mikrohärteverlauf der Universalhärte über der Eindringtiefe kontinuierlich ab und konvertiert zu einem Grenzwert, der als Fließgrenze (Grenzdruck) der Oberfläche interpretiert wird [BART01 S.16]. Eine verformungsabhängige Verfestigung der Oberfläche kann nicht separiert werden. Zudem basiert die Formel zur Berechnung der Universalhärte auf geometrischen Zusammenhängen des Vickers-Indenters, die gerade für kleine Eindringtiefen ihre Gültigkeit verlieren, sodass nach der Norm bei Eindringtiefen $h < 6$ µm die reale Eindringfläche gemessen werden sollte [ISO15 S.17].

2.2.3 Physikalische Beschreibung der Werkstofffestigkeit

Material-physical Description of Material Strength

Das im Zug-/Stauchversuch ermittelte Spannungs-Dehnungs-Diagramm lässt sich für Stahlwerkstoffe in einen elastischen und einen plastischen Bereich unterteilen. Während der elastische Bereich nahezu unabhängig von den Eigenschaften des Gefüges ist, wird das Werkstoffverhalten im plastischen Bereich maßgeblich durch die Wahl der Wärmebehandlung beeinflusst [DOEG07 S.13 ff.]. In Bild 2-4 werden die Spannungs-Dehnungs-Diagramme für den Werkstoff C45 für drei verschiedene Wärmebehandlungen gegenübergestellt [BARG05 S.131]. Während der Stahl im weichgeglühten Zustand eine nahezu konstante Fließgrenze in Abhängigkeit von der Dehnung aufweist, kann für die vergütete Variante ein ausgeprägtes Verfestigungsverhalten mit einem Anstieg der Fließspannung bei steigender Dehnung beobachtet werden. Im gehärteten Zustand ist eine Vergrößerung des elastischen Verformungsbereichs zu erkennen, was zu einem Anstieg der Zugfestigkeit führt. Zudem wird der Bereich mit plastischer Verformung im Vergleich zu den anderen beiden Wärmebehandlungen verkürzt (Sprödbruch).

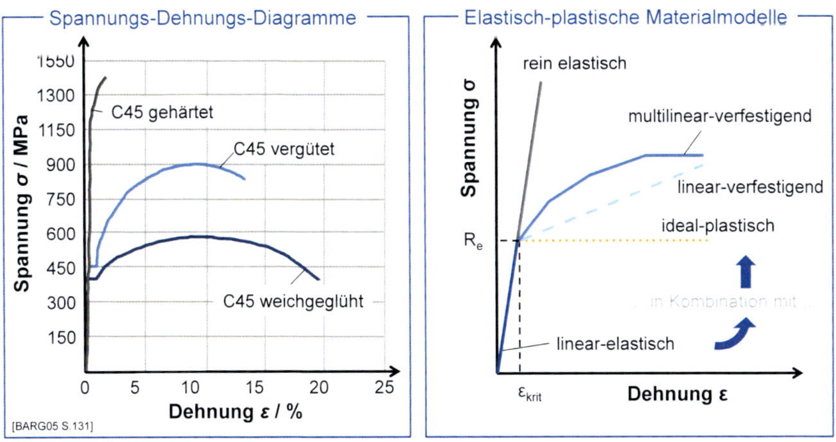

Bild 2-4: Ableitung von Materialmodellen aus dem Spannung-Dehnungs-Diagramm
Determination of Material Models from the Stress-Strain Diagramm

Zur Überführung der charakteristischen Verläufe der Fließkurven für numerische Berechnungsverfahren existieren vereinfachende Materialmodelle, die mit unterschiedlichem Detaillierungsgrad die experimentellen Verläufe annähern, vgl. Bild 2-4 rechts. Alle Materialmodelle setzen sich aus einem elastischen und einem plastischen Bereich zusammen. Während der elastische Verformungsbereich für Stahl mit einem linearen Ansatz oder bei großen Umformgraden starr modelliert wird, wird der plastische Verformungsbereich in Abhängigkeit von der notwendigen Genauigkeit unterschiedlich abgebildet [DOEG07 S.122]. Neben ideal-plastischen Materialmodellen existieren für eine genauere Abbildung der Realität darüber hinaus Materialmodelle mit linear-verfestigenden oder multilinear-verfestigenden Verhalten [DOEG07 S.122, BART10

S.43]. In diesem Fall wird das Verfestigungsverhalten von Stahl, welches in Abhängigkeit vom Verformungsgrad vorliegt, durch lineare oder stückweise lineare Funktionen beschrieben (Bild 2-4).

Zur werkstoffphysikalischen Beschreibung des elastisch-plastischen Materialverhalten von Stahlwerkstoffen werden der elastische und der plastische Verformungsbereich separat durch unterschiedliche Stoffgesetze modelliert. Der Übergang zwischen rein-elastischem und elastisch-plastischem Materialverhalten wird durch die Fließgrenze definiert. Unterhalb der Fließgrenze findet bei Stählen eine rein-elastische Verformung statt, die mit dem HOOK´schen Gesetz berechnet werden kann, vgl. **Formel (2.3)**. Der lineare Zusammenhang zwischen Spannung und elastischer Dehnung wird über den Elastizitätsmodul des jeweiligen Werkstoffs hergestellt [GOOD66 S.56]. Da das Formänderungsvermögen des Materials begrenzt ist, findet oberhalb der Fließgrenze eine Deformation statt, sodass in diesem Bereich das HOOK´sche Gesetz seine Gültigkeit verliert [DOEG07 S.125 ff.].

$$\sigma = E \cdot \varepsilon \tag{2.3}$$

Der Bereich plastischer Verformung wird durch die Definition der Fließbedingung, der Fließregel und des Verfestigungsgesetzes beschrieben. Während durch die Fließbedingung der Beginn der plastischen Verformung definiert wird, wird durch die Fließregel die Richtung und der Betrag der bleibenden Formänderung bestimmt. Mithilfe der Fließbedingung wird die Fließspannung σ_F mit dem Spannungszustand im Bauteil verglichen, **Formel (2.4)**.

Im Gegensatz zum Zug-/Stauchversuch bildet sich im Bauteil oder speziell im Wälzkontakt unterhalb der Kontaktfläche ein dreidimensionaler Spannungszustand aus [AIRY62, HERT82]. Für den Vergleich der experimentellen Werkstofffestigkeit wird daher der dreidimensionale Spannungszustand im Bauteil durch eine geeignete Vergleichsspannungshypothese in einen äquivalenten eindimensionalen Spannungszustand überführt. Für isotrope, inkompressible Materialen werden in der Regel die Vergleichsspannungshypothesen nach VON MISES und nach TRESCA verwendet [DOEG07 S.159 ff.], vgl. **Formel (2.5) und (2.6)**. Die Vergleichsspannung nach VON MISES bzw. nach der Gestaltänderungsenergiehypothese (GEH) ist dabei definiert als die einachsige Normalspannung, die die gleiche spezifische Gestaltänderungsarbeit wie der betrachtete mehrachsige Beanspruchungszustand aufweist [PARK86 S.181]. Demgegenüber definiert TRESCA den Beginn des Fließens bei Überschreitung der Fließgrenze durch die Hauptschubspannung (Schubspannungshypothese) [KALI84 S.56]. Es ist zu beachten, dass bei beiden Vergleichsspannungen lediglich der deviatorische Spannungsanteil berücksichtigt wird. Demzufolge hat der hydrostatische Spannungstensor bei den Vergleichsspannungen nach VON MISES und TRESCA keinen Einfluss auf das Einsetzen der plastischen Formänderung [DOEG07 S.112 ff.].

$$\sigma_V > \sigma_F \tag{2.4}$$

$$\sigma_{V,Mises} = \sqrt{0{,}5 \cdot \left[\left(\sigma_x - \sigma_y\right)^2 + \left(\sigma_y - \sigma_z\right)^2 + (\sigma_z - \sigma_x)^2\right] + 3 \cdot \left(\tau_{xy}^2 + \tau_{yz}^2 + \tau_{xz}^2\right)} \tag{2.5}$$

$$\sigma_{V,Tresca} = max(|\sigma_I - \sigma_{II}|; |\sigma_{II} - \sigma_{III}|; |\sigma_{III} - \sigma_I|) \quad (2.6)$$

Während der plastischen Verformung ändern sich die Materialeigenschaften bspw. durch eine einsetzende Kaltverfestigung kontinuierlich. Zur Berücksichtigung der veränderlichen Werkstoffeigenschaften während des Umformvorgangs wird neben der Fließbedingung und der Fließregel ein Verfestigungsgesetz definiert, durch das die Fließbedingung in Abhängigkeit vom Verformungsbetrag modifiziert wird. Für Stahlwerkstoffe werden zur Abbildung des Verfestigungsverhaltens lineare oder multilineare Modellansätze für das Verfestigungsgesetz verwendet, vgl. Bild 2-4.

Für die Kontaktberechnung mit rauen Oberflächen wird häufig der elastische Halbraum mit dem numerischen Berechnungsansatz nach BOUSSINESQ/LOVE verwendet [BOUS85, LOVE29 S.378 ff.]. Der Vorteil bei der Verwendung des Halbraums liegt in der Reduktion der Elementanzahl durch die fehlende dritte Dimension in Tiefenrichtung. Für den elastischen Halbraum entwickelte BARTEL auf Grundlage der Arbeiten von HARTNETT einen iterativen Lösungsalgorithmus zur Abbildung ideal-plastischen Materialverhaltens [HART79 S.105 ff., BART01 S.13 f.]. Als Fließbedingung wird anstelle einer kritischen Fließspannung σ_F ein Grenzdruck p_{lim} eingeführt, vgl. **Formel (2.7)**. Der Grenzdruck limitiert somit die maximale ertragbare Pressung in der Kontaktzone. Die Berücksichtigung eines Verfestigungsgesetzes ist nicht möglich, da der Betrag der plastischen Verformung nicht explizit berechnet wird. Zudem wird bei diesem Ansatz keine Fließregel berücksichtigt, sodass die Bedingung der Volumenkonstanz bei inkompressiblen Materialen nicht erfüllt wird.

$$p_{Kontakt} < p_{lim} \quad (2.7)$$

2.3 Kontaktberechnungsansätze für Wälzkontakte

Approaches for Calculating Rolling-Sliding Contact

Die Kenntnis des Beanspruchungszustands ist die Grundvoraussetzung zur Bestimmung der Überlebenswahrscheinlichkeit von technischen Bauteilen [NIEM01 S.67 ff.]. Die Beanspruchung im Wälzkontakt wird maßgeblich durch die lokale Pressungsverteilung innerhalb der Kontaktfläche der Wälzpartner und den Reibungszustand beeinflusst [LÖPE15 S.71 ff.]. Eine zentrale Herausforderung bei der Berechnung von Wälzkontakten stellt die Verknüpfung von Makro- und Mikroebene dar. Für den Wälzkontakt bedeutet das konkret die Verbindung zwischen der Makrogeometrie und der technisch rauen Oberfläche. Die Verknüpfung beider Ebene wird durch eine direkte oder eine indirekte Kopplung realisiert [BART10 S.56]. Bei der direkten Kopplung wird die Kontaktgeometrie des Wälzkontakts bis auf die Mikroebene beschrieben und bei der Kontaktberechnung berücksichtigt. Demgegenüber werden bei der indirekten Kopplung Korrekturfaktoren abgeleitet und vereinfachend auf Makroebene integriert.

Für die Berechnung von hochbelasteten Wälzkontakten existieren unterschiedlichste Modelle und Methoden, die mit gezielten Vereinfachungen in Abhängigkeit vom Anwendungsfall die Beschreibung des Beanspruchungszustands ermöglichen. Neben der Theorie nach HERTZ, der Theorie des elastischen Halbraums und der Theorie der Elastohydrodynamik bietet die Finite-Elemente-Methode (FEM) eine Möglichkeit für die Kontaktberechnung von Wälzkontakten. Bspw. berechnete GLEß zweidimensional den rein-elastischen Kontakt zwischen gemessenen Oberflächen mithilfe der FEM [GLEß09 S.50]. Die dreidimensionale Berechnung war in dieser Arbeit aufgrund der begrenzten Rechenleistung nicht möglich. SPINU analysierte den elastisch-plastischen Kontakt einer ideal glatten Kugel (R = 105 µm) mit einer Ebene [SPIN11 S.267]. SONG baute ein Verständnis für die plastische Verformung einer einzelnen sinusoidalen Rauheitsspitze auf [SONG16 S.22]. In beiden Arbeiten fand eine Berechnung mit gemessenen Oberflächentopografien aufgrund der begrenzten Rechenleistung nicht statt.

Trotz steigender Rechenleistung ist die Berechnung von anwendungsnahen Wälzkontakten auf Makro- und Mikroebene mithilfe der allgemeine FEM derzeit nicht möglich. Im Folgenden wird daher auf spezielle Berechnungsmethoden für den trockenen sowie den geschmierten Kontakt eingegangen, und es werden gezielt die Möglichkeiten zur Verknüpfung der Makrogeometrie mit einer rauen Oberfläche herausgearbeitet.

2.3.1 Berechnungsansätze für den trockenen Kontakt zweier Körper

Calculation Approaches for Dry Contact of Two Bodies

Zur trockenen Kontaktberechnung zweier elastischer Körper ist die Anwendung von Methoden auf Basis des elastischen Halbraums Stand der Technik [BOUS85, LOVE29 S.378 ff., BECK90 S.27 ff., BART01 S.9 ff., HAUE14 S.33 ff., LÖPE15 S.84 ff.]. Im Vergleich zur allgemeinen FEM ermöglicht die Verwendung des elastischen Halbraums eine Reduktion der Elementanzahl aufgrund einer zweidimensionalen Betrachtung und damit eine Optimierung der Rechenzeit. Die einfachste Möglichkeit zur Berechnung des Kontakts zweier Körper bildet die Theorie nach HERTZ, mit der die Berührung zwischen elastischen, in zwei Raumrichtungen beliebig gekrümmten Körpern bestimmt werden kann [HERT82 S.156 ff.]. In Folge einer Normalkraft findet eine elastische Verformung im Berührpunkt statt, was zu einer Annäherung der Körper und Abplattung der Kontaktfläche führt. Die Kontaktfläche bildet sich in Abhängigkeit von der Geometrie entweder rechteckig oder elliptisch aus (Linien- oder Punktkontakt). Der Maximalwert der Pressungsverteilung innerhalb der Kontaktfläche wird als HERTZ´sche Pressung bezeichnet [SCHO73 S.120]. Bei der Anwendung der HERTZ´schen Theorie werden die Annahmen getroffen, dass die Werkstoffe beider Körper homogen und isotrop sind, in der Druckfläche nur Normal- und keine Schubspannungen auftreten, die Oberfläche der Körper ideal glatt ist und die Verformung der Körper rein elastisch und klein gegenüber den äußeren Abmessungen ist [SCHL07 S.104]. Zwar werden diese Voraussetzungen in der Praxis nicht vollständig erfüllt, jedoch liefert die Theorie nach HERTZ in vielen Anwendungsfällen hinreichend genaue Ergebnisse.

Für die Kontaktberechnung mit beliebig gekrümmten Oberflächen ist die Anwendung der Theorie nach HERTZ nicht möglich, sodass in der Regel die elastische Halbraumtheorie nach BOUSSINESQ/LOVE/HARTNETT mit einem numerischen Lösungsansatz angewendet wird [BOUS85, LOVE29 S.378 ff., BECK90 S.27 ff., BART01 S.9 ff., HAUE14 S.33 ff., LÖPE15 S.84 ff.]. In der Halbraumtheorie werden endliche elastische

Körper als halbunendlich betrachtet. BOUSSINESQ entwickelt die Potenzialfunktionen für den elastischen Halbraum, die einen mathematischen Zusammenhang zwischen der örtlichen Verformung und der Lastverteilung liefern. Für eine beliebige Pressungsverteilung berechnet sich die elastische Verformung an einem beliebigen Punkt auf der Oberfläche über das Flächenintegral nach **Formel (2.8)**.

$$u_i = \frac{1}{\pi \cdot E'} \cdot \iint_A \frac{p(x,y)\,dx\,dy}{\sqrt{(x-x_i)^2 + (y-y_i)^2}} \qquad mit \;\; \frac{1}{E'} = \frac{(1-\nu_1{}^2)}{E_1} + \frac{(1-\nu_2{}^2)}{E_2} \tag{2.8}$$

Im Umkehrschluss kann die Pressungsverteilung in der Kontaktzone direkt durch die Lösung des Flächenintegrals berechnet werden, wenn die elastische Verformung u_i vorgeben wird. Für eine beliebige Verformung ist das Flächenintegral jedoch nicht geschlossen analytisch, sondern nur durch einen numerischen Ansatz lösbar. Der Halbraum wird dazu innerhalb der Kontaktfläche mit rechteckigen Elementen diskretisiert. Im Ersatzsystem Körper-Ebene werden jedem Element ein diskreter Abstand zur Ebene und eine diskrete Flächenpressung zugeordnet. Die Geometrie des Ersatzkörpers berechnet sich aus der Differenzgeometrie beider Kontaktpartner. Unter einwirkender Normalkraft F_N verformen sich die diskreten Kontaktpunkte so lange, bis sich das System mit allen Kontaktpunkten im Gleichgewicht befindet, vgl. **Bild 2-5** links.

Mathematisch wird das Kontaktberechnungsmodell für den elastischen Halbraum nach HARTNETT durch die **Formeln (2.9) bis (2.11)** und zwei physikalischen Randbedingungen **(2.12)** beschrieben [HART79 S.105 ff.]. Anstelle der Gleichungen für die regelmäßige Vernetzung des Halbraums nach HARTNETT werden an dieser Stelle die verallgemeinerten Gleichungen nach BRECHER ET. AL. angeben, die eine unregelmäßige Vernetzung berücksichtigen und damit die Grundlage für lokale Vernetzungsstrategien bilden [BREC16a S.4].

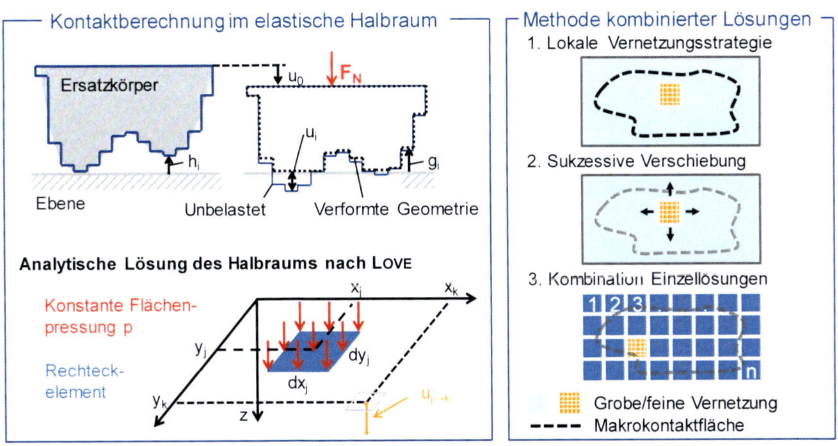

Bild 2-5: Methoden zur Kontaktberechnung auf Basis der elastischen Halbraumtheorie
Methods for Contact Calculation based on the Half-Space Theory

Die Formeln (2.9) und (2.10) werden für jedes diskrete Element separat aufgestellt, sodass eine Vektorgleichung und ein lineares Gleichungssystem entstehen. Die Einflusszahl $C_{j\rightarrow k}$ in Formel (2.10) liefert den Zusammenhang zwischen der Einheitspressung auf Element j und der elastischen Verformung an der Stelle k im diskretisierten Halbraum. Die Größe der Einflusszahl hängt sowohl vom Abstand zwischen den Elementen j und k als auch von der Größe des belasteten Elements j ab. Für den Fall der Einheitspressung auf dem Element j mit der Kantenlänge dx_j, dy_j entwickelt LOVE eine analytische Lösung für die Potentialfunktion nach BOUSSINESQ [LOVE29 S.378 ff.], **Formel (2.13)** und **Bild 2-5** links. Die Steifigkeitsmatrix für den elastischen Halbraum kann damit für eine Vernetzung aus rechteckigen Elementen vollständig analytisch berechnet werden.

Die dritte Formel des elastischen Kontaktproblems Formel (2.11) im Halbraum umfasst die Berechnung des äußeren Kräftegleichgewichts, das in Abhängigkeit von der Kontaktgeometrie und der äußeren Normalkraft zu erfüllen ist. Die Festkörper- und Adhäsionsrandbedingung in Formel (2.12) sind notwendig, um die Festkörperkontakte zu definieren und physikalisch nicht auftretende Adhäsionsstellen mit negativem Kontaktdruck zu verhindern.

$$g_i = h_i + u_i - u_0 \qquad i \in \mathbb{N} \tag{2.9}$$

$$u_k = \sum_{j=1}^{N} C_{j\rightarrow k} \cdot p_j \qquad mit \quad j,k,N \in \mathbb{N} \tag{2.10}$$

$$F_N = \sum_{i=1}^{M} dx_i \cdot dy_i \cdot p_i \qquad mit \quad M = max(j) \cdot max(k) \tag{2.11}$$

$$g_i = 0 \;\Rightarrow\; p_i > 0 \; (Festkörper) \qquad und \;\; g_i > 0 \;\Rightarrow\; p_i = 0 \; (Adhäsion) \tag{2.12}$$

$$C_{jk} = \frac{1}{\pi \cdot E'} \cdot \int_{y_j-\frac{dy_j}{2}}^{y_j+\frac{dy_j}{2}} \int_{x_j-\frac{dx_j}{2}}^{x_j+\frac{dx_j}{2}} \frac{dx\,dy}{\sqrt{(x-x_k)^2+(y-y_k)^2}}$$

$$= \frac{1}{\pi \cdot E'} \cdot \left[\begin{array}{l} X_+ \cdot ln\left[\dfrac{Y_+ + \sqrt{{Y_+}^2 + {X_+}^2}}{Y_- + \sqrt{{Y_-}^2 + {X_+}^2}}\right] + Y_+ \cdot ln\left[\dfrac{X_+ + \sqrt{{Y_+}^2 + {X_+}^2}}{X_- + \sqrt{{Y_+}^2 + {X_-}^2}}\right] + \\ X_- \cdot ln\left[\dfrac{Y_- + \sqrt{{Y_-}^2 + {X_-}^2}}{Y_+ + \sqrt{{Y_+}^2 + {X_-}^2}}\right] + Y_- \cdot ln\left[\dfrac{X_- + \sqrt{{Y_-}^2 + {X_-}^2}}{X_+ + \sqrt{{Y_-}^2 + {X_+}^2}}\right] \end{array} \right] \tag{2.13}$$

$$mit \; X_\pm = |x_k - x_j| \pm \frac{dx_j}{2} \qquad und \qquad Y_\pm = |y_k - y_j| \pm \frac{dy_j}{2}$$

Durch die Anpassung der Vernetzungsauflösung kann die Kontaktberechnung sowohl für ideal glatte Kontaktflächen mit großer Krümmung als auch für technisch raue Oberflächenausschnitte genutzt werden [BECK90 S.27 ff., BART01 S.9 ff.]. Bei einer regelmäßigen Vernetzung ist die Verbindung beider Dimensionen aufgrund der begrenzten

Rechenleistung nicht möglich, sodass LÖPENHAUS die „Methode kombinierter Lösungen“ einführt [LÖPE15 S.84 ff., BREC16a S.3 f.]. Die Grundlage der „Methode kombinierter Lösungen“ ist die Nutzung einer lokalen Vernetzungsstrategie, siehe Bild 2-5 rechts. Dabei wird ein Teil des gesamten Kontaktbereichs so fein vernetzt, dass die Auflösung den Anforderungen nach dem SHANNON-Theorem entspricht [SHAN98 S.447 ff.], Schritt 1. Zur Berücksichtigung der Verformungskreuzeinflüsse wird die umliegende Kontaktfläche mit gröberen Elementen vernetzt. Die Pressungsverteilung wird durch bestehende Lösungsverfahren für den elastischen Halbraum berechnet, Formeln (2.9) bis (2.13). Im zweiten Schritt wird der hochaufgelöste Ausschnitt sukzessive verschoben und für jede Position des Ausschnitts eine Einzellösung berechnet. Das hochaufgelöste Gesamtergebnis wird abschließend aus den Einzellösungen kombiniert, indem jeweils das Ergebnis des fein vernetzten Bereichs übernommen wird, vgl. Bild 2-5, Schritt 3. Die Vorteile dieses Berechnungsansatzes liegen in der nahezu unbegrenzten Kontaktflächengröße und der hohen Auflösung bei gegebener Berechenbarkeit insbesondere hinsichtlich Speicherbedarf [BREC16a S.4]. Dadurch können größere Bereich und damit langwellige Anteile der gemessenen Oberflächentopografie ganzheitlich in der Mikrokontaktberechnung berücksichtigt werden.

Neben elastischen Materialmodellen für den Halbraum wird von BARTEL ein ideal-plastisches Materialmodel für die Kontaktberechnung auf Basis des elastischen Halbraums eingeführt, indem unter Vorgabe eines Grenzfließdrucks das Gleichungssystem gelöst wird [BART01 S.13 f.]. Die Festkörperkontaktfläche wird durch Berücksichtigung des plastischen Materialverhaltens größer berechnet und beschreibt die Realität besser, weil das Kräftegleichgewicht erst bei einer größeren Annäherung der Kontaktflächen erreicht wird. Die Berechnung der deformierten Kontaktgeometrie und des Materialflusses in das Rauheitstal erfolgt nicht.

2.3.2 Methoden zur Berechnung geschmierter Wälzkontakte

Methods for Calculating Lubricated Rolling-Sliding-Contacts

Im Gegensatz zum trockenen Kontakt zweier Körper spielt das Zwischenmedium im geschmierten Wälzkontakt eine zentrale Rolle bei der Kraft- und Bewegungsübertragung. Für die Funktionserfüllung durch den Schmierstoff sind hydrodynamische Effekte ursächlich, die infolge der Tangentialgeschwindigkeiten der Oberflächen zum Aufbau eines tragenden Schmierfilms führen. Während in der Hydrodynamik die elastischen Verformungen der Kontaktpartner vernachlässigbar klein sind, wird von Elastohydrodynamik (EHD) gesprochen, wenn die elastischen Verformungen der Kontaktpartner die Größe der Schmierfilmdicke überschreiten [HAMR04 S.4 ff.]. Aufgrund der steigenden Leistungsdichte und den damit verbundenen höheren elastischen Verformungen definiert BARTEL EHD-Kontakte allgemeiner „über die rückwirkungsbehaftete Kopplung von Hydrodynamik und elastischer Verformung“ [BART10 S.127]. Typische Anwendungsbespiele der Elastohydrodynamik sind der Kontakt zwischen Wälzkörper und Lagerring sowie zwischen zwei Zahnflanken.

In Abhängigkeit von der Steifigkeit der Kontaktkörper wird zwischen harter und weicher EHD unterschieden [HAMR04 S.6 f.]. Ein harter EHD-Kontakt liegt vor, wenn die elastische Verformung und die Schmierfilmdicke die gleiche Größenordnung aufweisen. Im Gegensatz dazu verformen sich die Körper bei der weichen EHD schon bei geringen Lasten deutlich, sodass der Einfluss der Last auf die Viskosität des Schmierstoffs vernachlässigt werden kann [HAMR04 S.7].

Mit der Theorie der Elastohydrodynamik werden die Grundgleichungen der klassischen Hydrodynamik und der Elastizitätstheorie verbunden. Auf der einen Seite bildet die Differentialgleichung nach REYNOLDS die Grundlage zur Berechnung der Druckverteilung in Abhängigkeit von der Schmierspaltgeometrie und der Relativgeschwindigkeit der Körper. REYNOLDS leitet die Gleichung aus den NAVIER-STOKES-Gleichungen her, in dem er den Druckgradienten in Schmierspaltrichtung und die Kompressibilität des Schmierstoffs vernachlässigt. Neben der Differenzialgleichung nach REYNOLDS werden auch verallgemeinerte REYNOLDS-Gleichungen für kompressible und nicht-newtonsche Fluide sowie über die Schmierfilmhöhe variierende Fluideigenschaften verwendet [BART10 S.21]. Auf der anderen Seite wird bei der Theorie der Elastohydrodynamik die elastische Verformung der Kontaktpartner durch Halbraummodelle oder kommerzielle FEM-Software berechnet, wie sie auch für den trockenen Kontakt Anwendung finden. Aufgrund der höheren Effizienz ist die Kopplung der Hydrodynamik mit elastischen Halbraummodellen derzeit Standard für konzentrierte EHD-Kontakte [BART10 S.128].

Eine analytische Lösung existiert für die REYNOLDS Gleichung in Kombination mit der Elastizitätstheorie nicht. Aus diesem Grund werden die Differenzialgleichung zur Berechnung der Hydrodynamik und die Gleichungen der Elastizitätstheorie diskretisiert und iterativ über ein numerisches Vorgehen gelöst. Aufgrund der Nicht-Linearität des Gleichungssystems wird das Konvergenzverhalten durch Vorgabe unterschiedlicher Randbedingungen beeinflusst, was zu hohen Rechenzeiten führen kann. Kleine Veränderungen der hydrodynamisch wirksamen Geschwindigkeit oder der äußeren Normalkraft führen zur Divergenz bei zuvor funktionierenden Konvergenzalgorithmen, sodass eine Vielzahl von unterschiedlichen Lösungsvorgehen in der Literatur bekannt sind [DOWS77, OSTE82, EFFE87, PLOT97, VENN00, REDL02, SOLO07, ZHU07, SCHO08, SAIN11].

Die Kontaktzone im EHD-Kontakt kann in die drei Bereiche Einlauf-, Zentral- und Auslaufbereich unterteilt werden [OSTE82 S.41]. Im Einlaufbereich bildet sich der Druck im Schmierfilm kontinuierlich bis zum Übergang in den Zentralbereich auf, sodass nur geringe Abweichungen zur Theorie nach HERTZ entstehen. Der Druckverlauf im Zentralbereich gleicht weitestgehend dem Pressungsverlauf nach HERTZ. In der Auslaufzone entsteht aufgrund der elastischen Rückfederung eine Einschnürung des Schmierspalts und daraus resultierend eine Drucküberhöhung (PETRUSEVICH Peak), die im Anschluss steil auf Umgebungsdruck abfällt [PETR51 S.209 ff.]. Der steile Druckgradient kann ursächlich für die Entstehung von Unterdruck im Auslaufbereich sein, was zu Kavitation des Schmierstoffs führen kann [BART10 S.30].

Die Abweichungen von der Theorie nach HERTZ und die Ausbildung der charakteristischen Druckspitze im Auslaufbereich werden maßgeblich durch die Betriebsbedingungen beeinflusst. Mit steigender Normalkraft steigt der Anteil der elastischen Verformung im Kontakt, sodass der Einfluss der Druckspitze geringer wird und sich das Maximum des Pressungsverlaufs im Zentralbereich ausbildet [HAMR04 S.473]. Demgegenüber führen höhere dynamische Geschwindigkeiten, ein Anstieg der Schmierstoffviskosität und eine höhere Steifigkeit der Kontaktpartner zu einer stärker ausgeprägten Druckspitze [DOWS77 S.83, HAMR04 S.474]. Für hochbelastete Wälzkontakte, wie bspw. dem Zahnflankenkontakt, liegt die maximale Pressung in der Regel im Zentralbereich, sodass die Druckspitze an Bedeutung verliert [LÖPE15 S.88].

Bei der elastohydrodynamischen Kontaktberechnung gewinnt der Einfluss mikrohydrodynamischer Effekte an Bedeutung, wenn der Schmierspalthöhe und die raue Oberfläche die gleiche Größenordnung aufweisen (Mischreibungsgebiet). Neben dem Betrag der Rauheit können insbesondere die Orientierung und Struktur der Rauheit zu einer Veränderung der Schmierspalthöhe führen, weil der Schmierstofffluss mikrohydrodynamisch beeinflusst wird [KREI08 S.63 ff., MAYE13 S.64 ff., SCHÖ13 S.15 ff.]. Zur Berücksichtigung dieser Effekte gibt es die Möglichkeit einer direkten oder einer indirekten Kopplung der Mikro- und Makroebene.

Bei der direkten Kopplung wird die Kontaktgeometrie bis auf Rauheitsebene diskretisiert, sodass mikrohydrodynamische Effekte direkt bei der Lösung der EHD-Gleichungen berücksichtigt werden. Aufgrund der hohen Vernetzungsauflösung und des steigenden Berechnungsaufwands ist die direkte Kopplung auf kleine Kontaktflächen ($A \approx 0{,}1 \times 0{,}1\ mm^2$) begrenzt [SOLO07 S.64 ff., SCHO08 S.42 ff.]. Trotz der rasanten Entwicklung bei der Rechenleistung zeigte Bartel am Beispiel eines Gleitlagers, dass die Berechnung mittels direkter Kopplung in naher Zukunft nicht für anwendungsnahe Wälzkontakte möglich sein wird [BART10 S.59].

Demgegenüber besteht die Möglichkeit einer indirekten Kopplung der Mikro- und Makroebene durch die Verwendung von Kennfeldlösungen. Dabei werden auf Mikroebene Modelle zur Abbildung mikrohydrodynamischer Effekte aufgebaut und die Lösungen durch ein Kennfeld in die Makroebene überführt. Zur Berücksichtigung von mikrohydrodynamischen Strömungseffekten erweiterten PATIR und CHENG die EHD-Gleichungen um Flussfaktoren, die den Strömungswiderstand bei unterschiedlicher Oberflächenstruktur gewichten [PATI78 S.12 ff.].

Zur Beschreibung des Mischreibungsgebiets wird die Festkörperkontaktdruckkurve als Kennfeld in die Lösung des Kräftegleichgewichts integriert. Dabei liefert die Festkörperkontaktdruckkurve einen Zusammenhang zwischen der Schmierspalthöhe und dem durchschnittlichen Festkörperkontaktdruck. Umso kleiner sich der Schmierspalt in Abhängigkeit von der Elastohydrodynamik ausbildet, umso höher wird der Festkörpertraganteil und damit die Normalkraft, die über einen direkten Festkörperkontakt übertragen wird. Die Berechnung der Festkörperkontaktdruckkurve erfolgt in der Regel auf Basis der elastischen Halbraumtheorie für den trockenen Kontakt unter Berücksichtigung der gemessenen Oberflächenrauheit [BART10 S.67 ff., NADE17 S.49/8], vgl. Kapitel 2.3.1. Eine Berücksichtigung des Schmierstoffs im Mikrokontaktmodell findet nach derzeitigem Stand nicht statt.

2.3.3 Berechnungsformeln zur Auslegung geschmierter Wälzkontakte

Calculation Formula for Design of Lubricated Rolling-Sliding Contacts

Aufgrund der aufwendigen numerischen Lösung des EHD-Kontaktproblems wurden für die praxisnahe Anwendung Näherungsformeln zur Berechnung der Schmierfilmhöhe entwickelt. Die Einflussparameter auf die Schmierfilmbildung werden dazu anhand der dimensionslosen Kenngrößen Materialparameter G, Geschwindigkeitsparameter U und Lastparameter W zusammengefasst, bspw. [HAMR04 S.489 ff.]. Die Vorteile bei der dimensionslosen Berechnung des EHD-Kontakts liegen in der Reduktion des Modellumfangs und der einfachen Übertragbarkeit der Ergebnisse auf einen großen Anwendungsbereich. **Formel (2.14)** gibt die Regressionsgleichung für die dimensionslose Schmierfilmhöhe H_0 für den Linienkontakt an. Die Parameter a_1 bis a_4 wurden für den ideal glatten Kontakt durch Regressionsrechnungen von verschiedenen Autoren sowohl für die mittlere als auch die minimale Schmierfilmdicke berechnet. Neben der vereinfachten analytischen Herleitung der Schmierfilmhöhe nach GRUBIN/ERTEL gehören die Ansätze nach DOWSON/HIGGINSON und HAMROCK/DOWSON zu den wichtigsten Näherungsformeln für den Linienkontakt, vgl. **Tabelle 2.1**.

Neben dem Linienkontakt wurde von HAMROCK/DOWSON auch der Punktkontakt mit der EHD-Theorie berechnet und Näherungsformeln abgeleitet [HAMR04 S.489 ff.]. Wesentlicher Unterschied zum Linienkontakt ist die Berücksichtigung der Schmierstoffströmung orthogonal zur hydrodynamisch wirksamen Geschwindigkeit. Durch das Abströmen des Schmierstoffs zu den Seiten verkleinern sich die mittlere und minimale Schmierfilmhöhe mit steigender Krümmung. Aus diesem Grund wurde die Näherungsformel (2.14) von HAMROCK/DOWSON um einen Faktor erweitert, mit dem die Krümmungen in beide Raumrichtungen berücksichtigt werden [HAMR04 S.496 f.].

$$H_0 = a_1 \cdot G^{a_2} \cdot U^{a_3} \cdot W^{a_4} \qquad mit \qquad H_0 = \frac{h_0}{R_x} \tag{2.14}$$

$$U = \frac{\eta_0 \cdot v_\Sigma}{2 \cdot E' \cdot R_x} \tag{2.15}$$

$$G = \alpha \cdot E' \tag{2.16}$$

$$W = \frac{w'}{R_x \cdot E'} = 2 \cdot \pi \cdot \left(\frac{p_H}{E'}\right)^2 \tag{2.17}$$

$$mit \quad v_\Sigma = v_{T1} + v_{T2} \;; \quad R_x = \frac{R_{x1} \cdot R_{x2}}{(R_{x1} + R_{x2})} \quad ; \quad \frac{1}{E'} = 2 \cdot \left[\frac{(1-\nu_1{}^2)}{E_1} + \frac{(1-\nu_2{}^2)}{E_2}\right]$$

Tabelle 2.1: Koeffizienten zur Berechnung der Schmierfilmhöhe nach Formel (2.14)
Coefficients for Calculating of Fluid Film Height according to Formular (2.14)

Mittlere Schmierfilmhöhe	a_1	a_2	a_3	a_4
GRUBIN/ERTEL [GRUB49, ERTE84]	1,950	0,730	0,730	-0,091

DOWSON/HIGGINSON [DOWS77 S.96]	1,600	0,600	0,700	-0,130
HAMROCK/DOWSON [HAMR04 S.482]	2,922	0,470	0,692	-0,166
Minimale Schmierfilmhöhe	a_1	a_2	a_3	a_4
DOWSON/HIGGINSON [DOWS77 S.96]	2,650	0,540	0,700	-0,130
HAMROCK/DOWSON [HAMR04 S.478]	1,714	0,568	0,694	-0,128

Die Näherungsformel (2.14) mit der Parametrierung in Tabelle 2.1 gilt nur unter der Annahme ideal glatter Oberflächen und eines isothermen Schmierfilms. Isotherm bedeutet in diesem Fall, dass sich der Schmierfilm aufgrund von Reibung nicht erwärmt und sich die Viskosität des Schmierstoffs nicht verändert. In der Einlaufzone des Schmierspalts erhöht sich die Temperatur durch die Scherung des Fluids und durch Rückstromeffekte. Bei hoher Viskosität und hohen Umfangsgeschwindigkeiten wird die Schmierfilmhöhe mit dieser Formel daher zu hoch abgeschätzt.

MURCH/WILSON entwickelten aus diesem Grund einen Korrekturfaktor für die nicht-isotherme Schmierfilmhöhe, der auf Basis der thermischen REYNOLDS-Gleichung und dem analytischen Lösungsweg nach GRUBIN/ERTEL hergeleitet wurde [MURC75 S.212 ff.]. Es ist zu beachten, dass die Umfangsgeschwindigkeiten beider Körper bei der Herleitung als gleich groß angenommen werden. Trotzdem ist die Anwendbarkeit auf schlupfbehafte Wälzkontakt gültig, weil der Einfluss des Schlupfs auf die Schmierfilmhöhe als gering einschätzt wird [MURC75 S.213]. Der thermische Korrekturfaktor C_{th} ergibt sich aus dem Quotienten der thermischen Schmierfilmhöhe nach MURCH/WILSON und der isothermen Schmierfilmhöhe nach GRUBIN/ERTEL und wird durch Multiplikation angewendet, vgl. **Formel (2.18)**

$$H_{0,th} = H_0 \cdot C_{th} \qquad (2.18)$$

$$mit \quad C_{th} = \frac{1}{1 + 0{,}254 \cdot L^{0{,}62}} \qquad und \qquad L = \frac{\eta_M \cdot \alpha_T \cdot v_\Sigma{}^2}{4 \cdot \lambda}$$

Der Einfluss der Oberflächenrauheit auf die Ausbildung des Schmierfilms wurde von KREIL und SCHMIDT experimentell für den Zustand reiner Flüssigkeitsreibung untersucht [SCHM85 S.96 ff., KREI08 S.56 ff.]. Die Schmierfilmhöhe im Wälzkontakt wird in beiden Arbeiten kapazitiv gemessen. Durch den Vergleich der gemessenen Schmierfilmhöhen mit der thermisch korrigierten Schmierfilmhöhe nach DOWSON/HIGGINSON wurden in beiden Arbeiten Korrekturfaktoren bzw. -summanden für den Rauheitseinfluss abgeleitet. Es ist zu beachten, dass mit dem Eintritt ins Mischreibungsgebiet der Schmierfilm punktuell durchbrochen wird, ein Ladungsabfluss stattfindet und eine kapazitive Messung nicht mehr möglich ist. Die minimal kapazitiv messbare Schmierfilmhöhe beträgt nach KREIL $h_{min,kapazitiv}$ = 0,2 µm [KREI08 S.46].

Im Gegensatz zu den experimentellen Arbeiten von KREIL und SCHMIDT stellten MASJEDI ET AL. eine Näherungsformel auf Basis von EHD-Simulationen mit rauen Oberflächen auf. Die Regressionsformel (2.14) für die dimensionslose Schmierfilmhöhe wurde dafür um einen Korrekturfaktor erweitert, der den Einfluss der Rauheit auf die Schmierfilmbildung erfasst [MASJ12 S.7, MASJ15 S.8]. Bei ideal glatten Oberflächen gleicht die Schmierfilmhöhe den Berechnungen nach DOWSON/HIGGINSON und

HAMROCK/DOWSON. Mit steigender Rauheit ist ein Anstieg der durchschnittlichen Schmierfilmhöhe zu erkennen.

Der Schmierungszustand im Mischreibungsgebiet wird häufig durch den Schmierfilmparameter Λ (auch spezifische Schmierfilmdicke λ) quantitativ beschrieben [PREX90 S.22, VOLG91 S.29, CZIC10 S.467], **Formel (2.19)**. Der Schmierfilmparameter bezieht die theoretische Schmierfilmhöhe $h_{0,th}$ auf die mittlere Rauheit der Kontaktpartner, die nach Formel (2.14) in Kombination mit Formel (2.18) berechnet werden kann. Als Rauheitsbezug R^* wird in der Literatur entweder der quadratische Mittelwert des quadratischen Mittenrauwerts R_q bzw. des arithmetischen Mittenrauwerts Ra oder die Summe des Ra-Werts verwendet [SIMO84 S.127, DOLE03 S.19, BAGH15 S.8, LÖPE15 S.72]. Der quadratische Mittenrauwerts R_q wird dabei vermehrt im angloamerikanischen Raum verwendet, wohingegen der arithmetische Mittenrauwerts Ra primär in Europa genutzt wird [ROWE08 S.423]. Umso kleiner der Schmierfilmparameter, umso geringer ist die Trennung der Oberflächen voneinander und umso mehr Rauheitsspitzen befinden sich in direktem Festkörperkontakt. Für eine verschleißfreie Auslegung von Wälzkontakten werden Schmierfilmparameter $\Lambda > 2 \dots 3$ empfohlen [HELL81 S.20, HERT03 S.39, NIEM03 S.138 f., SOMM10 S.190]. Unterhalb eines Schmierfilmparameters von $\Lambda < 1{,}5$ können nach HAMROCK neben den primär auftretenden Grübchenschäden auch adhäsiver oder abrasiver Verschleiß bei Wälzlagern auftreten [HAMR83 S.36, CZIC10 S.486].

$$\Lambda = \frac{h_{0,th}}{R^*} \qquad mit\ R^* = \sqrt{{R_{q1}}^2 + {R_{q2}}^2}\ \ oder\ R^* = R_{a1} + R_{a2} \tag{2.19}$$

2.4 Fazit zum Stand der Erkenntnisse

Conclusions of the State of the Art

Aus dem Stand der Technik geht hervor, dass die Rauheit und Struktur technischer Oberflächen einen entscheidenden Einfluss auf das Einsatzverhalten von Wälzkontakten hinsichtlich Reibung, Verschleiß und Ermüdung aufweisen. Die vorgestellten Erkenntnisse belegen, dass sich das tribologische System während des Einlaufs zwangsweise und kontinuierlich verändert, was bei einer gezielten Nutzung zu einer Verbesserung des Einsatzverhalten führen kann. In vielen Forschungsarbeiten wird der Einlauf als „Black Box" betrachtet, sodass die Bauteileigenschaften nach der Fertigung mit dem Einsatzverhalten korreliert werden. Für eine präzisere Bewertung der experimentellen Ergebnisse wird zudem der Oberflächenzustand nach Abschluss von Einlaufvorgängen analysiert, wobei eine bessere Korrelation mit dem Einsatzverhalten erreicht wird als bei der Verwendung des Ausgangszustands. Die Bewertung des tribologischen Systems nach abgeschlossenem Einlauf bildet damit die Grundlage für den Aufbau eines tiefergehenden Verständnisses für den Einfluss der Oberflächentopografie auf die Wälzfestigkeit und Reibung.

Der Oberflächenzustand nach dem Einlauf ist in der Auslegungsphase von Wälzkontakten, wie bspw. dem Zahnflankenkontakt, in der Regel jedoch nicht bekannt. Zur

Vorhersage der geometrischen Oberflächenveränderung während des Einlaufs existieren derzeit weder empirische Modelle noch höherwertige numerische Berechnungsansätze. Resultierende Unsicherheiten im Auslegungsprozess werden folglich durch umfangreiche Versuchsserien und Überdimensionierung kompensiert.

Die wichtigsten Berechnungsansätze für den Kontakt gekrümmter Körper im Tribosystem sind die elastische Halbraumtheorie und die FEM, wobei für den geschmierten Kontakt eine Kopplung mit der EHD-Theorie Stand der Technik ist. Trotz einer kontinuierlichen Optimierung der Lösungsalgorithmen ist die direkte Kopplung der Makroebene mit mikroskopischen Einflussgrößen aufgrund der begrenzten Rechenleistung für anwendungsnahe Wälzkontakte nicht möglich. Aus diesem Grund werden separate Hilfsmodelle auf Mikroebene aufgebaut, mit denen die Einflussgrößen anhand von Kennfeldern im Hauptmodell integriert werden können, vgl. Bild 2-6. Die Nutzung von Kennfeldern hat den Nachteil, dass lokale Effekte im Hauptmodell gemittelt werden und die Rückführung der Berechnungsergebnisse zum Experiment mit einer gewissen Unschärfe verbunden ist. Zudem ist die Validierung der Kontaktberechnung anhand von Messungen nach dem Einlauf nicht möglich, sodass in der Regel auf Systemkenngrößen, wie bspw. den resultierenden Reibkoeffizienten oder Verschleiß, zurückgegriffen werden muss.

Im Hauptmodell der EHD Theorie wird die Oberflachenrauheit und -struktur primär anhand von Mikrokontaktberechnungen im elastischen Halbraum nach BOUSSINESQ/LOVE mit kleinen, gemessenen Oberflächenausschnitten berücksichtigt. LÖPENHAUS entwickelte einen Ansatz zur Berücksichtigung großflächiger Oberflächenausschnitte im elastischen Halbraum, der die Berechnung anwendungsnaher Wälzkontaktgeometrien auf Mikroebene ermöglicht. Bei der Vorhersage der geometrischen Oberflächenveränderung im Wälzkontakt bietet dieser Ansatz erstmals das Potenzial, das Hauptmodell auf der Mikroebene zu verankern und die Erkenntnisse aus der EHD-Theorie für den geschmierten Wälzkontakt über Hilfsmodelle zu integrieren, siehe Bild 2-6. Auf diese Weise wird ein direkter Vergleich zwischen Experiment und Berechnung auf Mikroebene anhand von Oberflächenmessdaten ermöglicht.

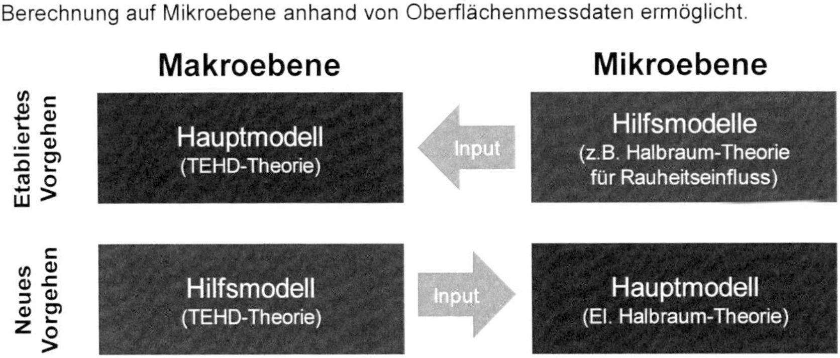

Bild 2-6: Möglichkeiten der indirekten Kopplung der Makro- und Mikroebene
Possibilities of Indirect Coupling of the Marco and Micro Level

Zur Modellierung des Einlaufs auf Mikroebene wurde die Kontaktberechnung auf Basis des elastischen Halbraums von BARTEL um ein ideal plastisches Materialmodell erweitert, sodass das resultierende Kennfeld für das Hauptmodell verändert wird. Dabei wird die maximale Pressung durch den Grenzdruck limitiert. Die Geometrieänderung einzelner Kontaktpunkte als Folge der Belastung (plastische Verformung) wird bei diesem Berechnungsmodell nicht explizit berechnet. Das ist der Grund, warum eine verformungsabhängige Fließgrenze nicht berücksichtigt werden kann und der direkte Vergleich der Oberflächenveränderung mit dem Experiment nicht möglich ist.

Zur Ermittlung von Materialkennwerten als zentrale Eingabegröße für die elastisch-plastisch Kontaktberechnung existieren globale und lokale Prüfverfahren, wie bspw. der Zug-Stauch-Versuch und die Mikrohärtemessung. Der Zug-Stauch-Versuch ist ein etabliertes Prüfverfahren und ermöglicht eine präzise Ermittlung des verformungsabhängigen und dehnratenabhängigen Fließverhaltens (Spannungs-Dehnungs-Diagramm). Aufgrund des Prüfaufbaus werden Probenkörper mit großen Querschnitten verwendet, sodass unterschiedliche Materialeigenschaften der Bauteilrandzone und des Bauteilkerns bei der Prüfung zwangsweise gemittelt werden. Aus diesem Grund ist die Überführung der gemittelten Materialkennwerte auf die oberflächennahe Randzone mit einer Unschärfe verbunden und nur begrenzt erfolgsversprechend. Demgegenüber können Mikrohärtemessungen eine höhere Auflösung der oberflächennahen Materialeigenschaften liefern, jedoch kann mit aktuellen Prüfmethoden nur eine konstante Fließgrenze (Grenzdruck) ermittelt werden. Die Bestimmung einer verformungsabhängigen Fließgrenze im Wälzkontakt ist nach aktuellem Wissensstand nicht möglich.

3 Zielsetzung und Vorgehensweise

Objectives and Modus Operandi

Die Ausführung im Stand der Technik zeigen, dass der Einlaufvorgang bei wälzenden Oberflächen zu einer Veränderung des Tribosystems führt, die die Leistungsfähigkeit des Wälzkontakts beeinflusst. Die aktuellen wissenschaftlichen Erkenntnisse zum Einlauf sind auf vergleichende Messung vor und nach der Belastung zurückzuführen. Aufgrund des empirischen Ursprungs und der hohen Sensitivität des Tribosystems auf Veränderungen, beschränkt sich die Gültigkeit der Erkenntnisse in weiten Teilen auf den jeweils untersuchten Wälzkontakt (Kontaktgeometrie, Last, Kinematik etc.). Bestehende Berechnungsmethoden auf Basis der EHD-Theorie berücksichtigen den Einfluss der Oberflächentopografie anhand von Kennfeldern, sodass für die Validierung der Berechnungsmodelle auf gemittelte Oberflächeneigenschaften zurückgegriffen wird. Eine quantitative Vorhersage der geometrischen Oberflächenveränderung im großflächigen Wälzkontakt ist auf Basis des Stands der Technik nicht möglich.

Das Ziel dieser Arbeit ist eine Methode zur Vorhersage von geometrischen Oberflächenveränderungen unter Wälzbeanspruchung. Die Wissenslücke zwischen der fertigungsbedingten und der für das Einsatzverhalten relevanten Oberflächentopografie nach dem Einlauf wird durch einen wissensbasierten Berechnungsansatz geschlossen. Im Kern der Methode wird eine großflächige elastisch-plastische Mikrokontaktberechnung entwickelt, wobei die eingelaufene Oberflächentopografie die Hauptausgabegröße darstellt. Durch den Aufbau von Hilfsmodellen werden Erkenntnisse zum Schmierfilmaufbau aus der EHD-Theorie in die großflächige Mikrokontaktberechnung integriert. Die Validierung der Methode wird durch einen hochgenauen, direkten Vergleich von Oberflächen vor und nach der Beanspruchung im Zwei-Scheiben-Versuch durchgeführt. Die übergeordnete Forschungshypothese der Arbeit lautet:

Die geometrische Oberflächenveränderung infolge einer Wälzbeanspruchung kann durch einen numerischen Berechnungsansatz mit der Verlagerung des Hauptmodells auf Mikroebene vorhergesagt werden.

Die Originalität der Methode liegt in der Definition der Haupt- und Hilfsmodelle für die Kontaktberechnung im rauen, geschmierten Wälzkontakt. Gegenüber bestehenden Methodiken auf Basis der EHD-Theorie wird die raue Kontaktberechnung im elastischen Halbraum in den Fokus gerückt und die Einflüsse des Schmierstoffs über ein Hilfsmodell integriert. Die Ausgabe der eingelaufenen Oberflächentopografie ermöglicht eine direkte Validierung mit dem Experiment. Aus wirtschaftlicher Sicht wird es durch die quantitative Bestimmung der im Betrieb einsetzenden Oberflächenveränderung ermöglicht, fertigungsbedingte Oberflächen bereits in der Auslegungsphase hinsichtlich ihres Einsatzverhaltens im Betrieb zu bewerten, was zu verringerten Prüfkosten und verkürzten Entwicklungszyklen führt. Zur Erreichung des Ziels und zur Beantwortung der übergeordneten Forschungsfrage werden vier Thesen aufgestellt:

- Die geometrische Oberflächenveränderung während des Einlaufs ist in Nähe des Wälzkreises primär auf eine plastische Verformung zurückzuführen.

- Die oberflächennahe Fließgrenze des Materials kann indirekt durch eine elastische Kontaktberechnung im eingelaufenen Zustand quantifiziert werden.
- Der Einfluss des Schmiermediums auf die geometrische Oberflächenveränderung während des Einlaufs kann numerisch im elastischen Halbraum auch ohne die direkte Lösung der NAVIER-STOKES-Gleichungen modelliert werden.
- Die Berechnungsmethode erlaubt die Vorhersage der geometrischen Oberflächenveränderung für unterschiedliche Rauheiten und Betriebsbedingungen.

Vorgehensweise: In Kapitel 4 werden die Modellvorstellung und die Forschungsmethodik zur Beantwortung der übergeordneten Forschungsfrage erläutert. Insbesondere werden dabei die Modellvorstellung zum Aufbau der Berechnungsmethode und die Wirkmechanismen bei der geometrischen Oberflächenveränderung während des Einlaufs beschrieben und eingeordnet. Zudem erfolgt die Beschreibung der verwendeten Prüfstände und Messgeräte sowie der Prüfkörper, Gegenkörper und Schmiermedien.

In Kapitel 5 wird mittels experimenteller Untersuchungen die Grundlage zur Klärung der Forschungshypothese 1 gelegt. Die Untersuchung der geometrischen Oberflächenveränderung im Wälzkontakt erfolgt zur Separation einzelner Einflussparameter auf einem Zwei-Scheiben-Prüfstand. Zur Bewertung der geometrischen Oberflächenveränderung wird eine Prüf- und Messmethodik für einen hochgenauen Vergleich von Oberflächentopografien entwickelt. Die experimentellen Ergebnisse in Kapitel 5 dienen zudem zur Validierung der Berechnungsmethode in Kapitel 7 und 8.

In Kapitel 6 erfolgt die Analyse der Forschungshypothese 2. Die Parametrierung des Materialmodells spielt bei elastisch-plastischen Kontaktberechnungen eine zentrale Rolle. Für die oberflächennahe Randzone wird eine Methode zur Bestimmung verformungsabhängiger Fließgrenzen unter Druckbeanspruchung entwickelt. Dazu wird die plastische Verformung in einem Zwei-Scheiben-Versuch infolge der Normalkraft ausgewertet. Durch die Rückführung der plastisch verformten Kontaktgeometrie in eine elastische Kontaktberechnung wird die Quantifizierung der Fließspannung ermöglicht.

In den darauffolgenden Kapiteln 7 bis 9 erfolgt die Entwicklung einer elastisch-plastischen Mikrokontaktberechnung mit dem Fokus auf große, anwendungsnahe Kontaktflächen. Nach der Konzeptionierung erfolgt die Verifikation und die Optimierung der Berechnungsauflösung für den großflächigen Mikrokontakt. Anschließend wird die Berechnungsmethode für den fluidfreien Kontakt für unterschiedliche Rauheiten und Normalkräfte validiert. In Kapitel 8 wird der Berechnungsansatz um ein Schmierstoffmodell für den elastischen Halbraum erweitert und die Forschungshypothese 3 bearbeitet. Eine zentrale Neuheit ist dabei die Verankerung des Hauptmodells auf Mikroebene und die Nutzung von Hilfsmodellen auf Makroebene. Im abschließenden Kapitel 9 werden die einzelnen Bausteine der Berechnungsmethode zusammengeführt und anhand der experimentellen Ergebnisse umfangreich validiert. Zusammen mit Kapitel 7 bilden die Arbeiten in Kapitel 9 die Grundlage zur Beantwortung der Forschungshypothese 4.

4 Forschungsmethodik

Research Methodology

In den nachfolgenden Kapiteln werden die Modellvorstellung und die Forschungsmethodik der vorliegenden Arbeit beschrieben. Für das tribologische System „Wälzkontakt“ werden die Systemgrenzen und der Forschungsfokus definiert. Abschließend wird die Grundlage für die experimentellen Untersuchungen und numerischen Berechnungen durch Vorstellung der Messgeräte, Prüfeinrichtungen, Prüfkörper und Berechnungsprogramme gelegt.

4.1 Modellvorstellung und Forschungsmethodik

Model Concept and Research Methodology

Der Kontakt zweiter Zahnflanken stellt als hochbelasteter Wälzkontakt ein Tribosystem dar. Zur Analyse der geometrischen Oberflächenveränderung in dieser Arbeit wird die in Kapitel 2.1.1 beschriebene Systemstruktur des Tribosystems nach CZICHOS verwendet [CZIC10 S.9]. Für den Zahnflankenkontakt setzt sich demnach das Tribosystem aus den Elementen Ritzel, Rad, Schmierstoff und in der Regel Luft als Umgebungsmedium zusammen. Im Zwei-Scheiben-Analogieversuch werden als Grund- und Gegenkörper Scheiben verwendet. Aufgrund der Analogie zwischen beiden Prüfsystemen werden die Eigenschaften der Körper, der Zwischenstoff und das Umgebungsmediums möglichst gleich gehalten, sodass die resultierenden Wechselwirkungen in beiden Tribosystemen vergleichbar sind.

Die Eigenschaften der Triboelemente werden je nach Untersuchungsschwerpunkt auf unterschiedlichen Skalen (Mikro- und Makroebene) analysiert. Die geometrische Oberflächenbeschaffenheit der Kontaktpartner wird in dieser Arbeit sowohl makroskopisch (Form des Körpers) als auch mikroskopisch (Welligkeit und Rauheit der Oberflächen) analysiert und in das Berechnungsmodell integriert. Bei den Materialeigenschaften spielen bei der Vorhersage der geometrischen Oberflächenveränderung die Eigenschaften der oberflächennahen Randzone auf Mikroebene eine zentrale Rolle, sodass der Fokus bei der Werkstoffanalyse auf der inneren Grenzschicht lieg. In Bezug auf die Wechselwirkungen zwischen den Triboelementen liegt der Schwerpunkt auf der Kontaktmechanik zwischen den Wirkflächen und dem Einfluss des Schmierstoffdrucks im Kontakt auf die Verformung der rauen Oberfläche. Die Modellierung hydrodynamischer Effekte auf Basis der EHD-Theorie steht nicht im Mittelpunkt der Modellbildung, sondern erfolgte über die Nutzung bekannter Regressionsmodelle, wie bspw. die Schmierfilmdickenberechnung nach DOWSON/HIGGINSON)

Im Vergleich zu anderen technischen Systemen ändern sich die Systemstruktur und damit auch die Ausgangsgrößen von Tribosystemen häufig kontinuierlich während des Betriebs. Die instationären Kontaktbedingungen während der Einlaufphase können auf Basis der Systemanalyse in Kapitel 2.1.1 sowohl den Wechselwirkungen zwischen den Triboelementen innerhalb der Systemstruktur als auch den Ausgangsgrößen in Form von Verschleiß zugeordnet werden. Bei den Wechselwirkungen zwischen den

Triboelementen liegt der Fokus in dieser Arbeit auf der Deformation der Wirkflächen (Kontaktmechanik) und nicht auf atomaren oder molekularen Wechselwirkung (tribologische Prozesse), die beispielweise für die Ausbildung von Grenzschichten in Folge von Adhäsion, Physi- und Chemisorption verantwortlich sein können [SCHU09 S.39 ff., CZIC10 S.20]. Die Deformation der Wirkflächen wird auf eine lokale Überschreitung der statischen Werkstofffestigkeit (Fließgrenze) zurückgeführt und wird durch die Erfassung der geometrischen Oberflächeneigenschaften quantifiziert.

Die Veränderung des Tribosystems infolge von Verschleiß kann auf unterschiedliche Verschleißmechanismen zurückgeführt werden. Für die Einlaufphase kann die Bildung von Verschleißpartikeln auf den Verschleißmechanismus Abrasion (Mikrospannung) zurückgeführt werden, weil die niedrige Lastspielzahl keine Oberflächenzerrüttung/-ermüdung zur Folge haben kann und Adhäsion sowie Tribooxidation durch die Vorauswahl der Triboelemente ausgeschlossen wird. Die Separation von Verschleiß- und Deformationsvorgängen ist eine zentrale Fragestellung dieser Arbeit.

Der Grundgedanke der Forschungsmethodik ist die gezielte Separation einzelner Einflussfaktoren des Tribosystems und der schrittweise Verständnisaufbau. Die Wechselwirkungen der Triboelemente werden während der Einlaufphase mit unterschiedlichem Fokus analysiert und quantifiziert. Auf diese Weise können zum einen grundlegende und fundierte Erkenntnisse aus dem Experiment generiert werden. Zum anderen ist die kontinuierliche Steigerung der Modelldetaillierung die Grundlage für eine stringente Validierung der in dieser Arbeit entwickelten Berechnungsmethode für den großflächigen Mikrokontakt. Die Forschungsmethodik ist deduktiv.

Als Prüfkonzept zur Umsetzung der Forschungsmethodik wird ein Zwei-Scheiben-Tribometer als Zahnflankenanalogieversuch verwendet, der speziell für die Variation der einzelnen Triboelemente und der Betriebsgrößen geeignet ist. Die Forschungsmethodik wird in drei Einzelschritten umgesetzt. Im ersten Schritt wird der Fokus auf fluidfreie Kontaktbedingungen mit unterschiedlichen Eigenschaften des Grundkörpers unter Variation der Normalkraft gelegt. Zur Vermeidung von Schäden infolge von Adhäsion (Fressen) werden die Versuche zunächst bei reinem Rollen (ohne Schlupf) durchgeführt. Zur Erfassung des Schmierstoffeinfluss wird im zweiten Schritt als Schmiermedium Mineralöl hinzugefügt. Auf diese Weise können die Modellierung des Schmierstoffs in der Berechnungsmethode und damit der Einfluss des Schmierstoffdrucks auf die geometrische Oberflächenveränderung gezielt validiert werden. Im dritten Schritt wird die Wirkbewegung von reinem Rollen um einen Gleitanteil (Wälzen) erweitert, sodass der Einfluss der Tangentialbeanspruchung auf die Wirkmechanismen während des Einlaufs bewertet werden kann. Zudem wird die Auswertung der Reibung zur Validierung des entwickelten Schmierstoffansatzes hinzugezogen.

Bei der Entwicklung der Berechnungsmethode liegt ein Fokus auf der Lösung des großflächigen Kontaktproblems auf Mikroebene. In diesem Zusammenhang wird unter dem Begriff der Berechenbarkeit die numerische Lösbarkeit mit derzeit breit verfügbaren Rechenkapazitäten in Form von Arbeitsspeicher und Rechenleistung verstanden.

4.2 Prüfstände und Messgeräte

Test Rigs and Measurement Devices

Für die experimentellen Untersuchungen wurde aufgrund der hohen Flexibilität bei der Wahl der Kontaktbedingungen auf den Zwei-Scheiben-Zahnflankenanalogieversuch zurückgegriffen. Die Untersuchungen wurden durch taktile Oberflächenmessungen vor und nach der tribologischen Belastung begleitet. Auf diese Weise konnten Messdaten erzeugt werden, mit denen zum einen ein Rückschluss auf die Wirkmechanismen während des Einlaufs getroffen werden kann und die zum anderen die Grundlage für die Validierung der Berechnungsmethode bilden. Im Folgenden wird der Aufbau der Prüfstände und der Messgeräte im Detail beschrieben.

4.2.1 WZL-Zwei-Scheiben-Analogieprüfstände

WZL Disk-on-Disk Analogy Test Rigs

Zur Validierung der elastisch-plastischen Kontaktberechnung wurden Untersuchungen auf Zwei-Scheiben-Prüfständen durchgeführt. Der Zwei-Scheiben-Kontakt ist ein Analogieversuch und überführt den Beanspruchungszustand im Zahnflankenkontakt auf eine Ersatzgeometrie in Form von zwei Scheiben, vgl. **Bild 4-1**. Dazu werden die lokalen Krümmungsradien, die Gleitgeschwindigkeiten und die Normalkraft von einem speziellen Punkt auf der Eingriffstrecke aus dem Ersatzmodell bestimmt und auf den Zwei-Scheiben-Kontakt übertragen. Zu beachten ist, dass sich gegenüber dem Zahnflankenkontakt beim Zwei-Scheiben-Kontakt somit ein tribologisch quasistationärer Zustand einstellt. Im Zwei-Scheiben-Versuch wird die Normalkraft an die Krümmungsradien und Balligkeiten der Scheiben angepasst, sodass die HERTZ´sche Pressung den gleichen Wert wie im Zahnkontakt annimmt. Die Gleitgeschwindigkeiten und damit der Schlupfzustand können anhand der Scheibendrehzahlen flexibel eingestellt werden. [KLOC17 S.414 f.]

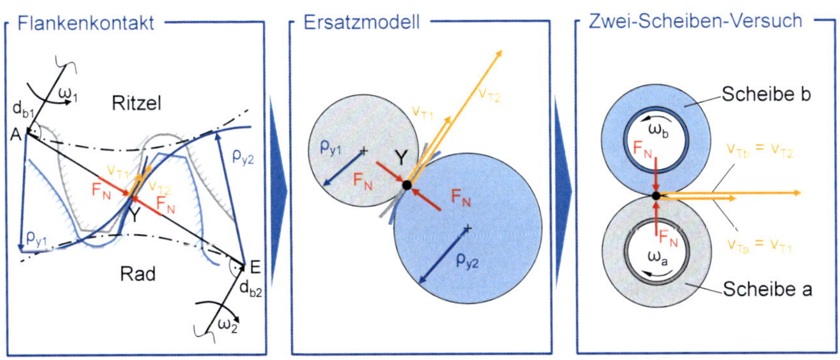

Bild 4-1: Ableitung des Zwei-Scheiben-Versuchs aus dem Zahnkontakt [KLOC17 S.415]
Derivation of Disk-on-Disk-Test from Tooth Contact

Der Zwei-Scheiben-Kontakt eignet sich aufgrund des stationären tribologischen Beanspruchungszustands besonders für die Analyse von Grundzusammenhängen. Einzelne Punkte entlang der Eingriffslinie im Zahnflankenkontakt können durch die Übertragung der Pressung, der Gleitgeschwindigkeiten und der Schmierstoffeigenschaften separat untersucht und analysiert werden. Insbesondere bei der schrittweisen Validierung einer Berechnungsmethode kann das tribologische System nach Bedarf so verändert werden, dass die Versuchsbedingungen mit den Fähigkeiten des Berechnungsmodells übereinstimmen. Bspw. wird im Zwei-Scheiben-Kontakt die Untersuchung ohne Schmierstoff bei reinem Rollen ermöglicht, sodass eine Validierung der elastisch-plastischen Kontaktberechnung ohne die Kreuzeinflüsse durch den Schmierstoff durchgeführt werden kann [KLOC17 S.409 f.].

Am WZL werden zwei unterschiedliche Zwei-Scheiben-Prüfstände betrieben, vgl. **Bild 4-2**. Neben einem Reibkrafttribometer mit erweiterter Messtechnik zur Tangentialkrafterfassung stehen am WZL Zwei-Scheiben-Prüfstände für Wälzfestigkeitsuntersuchungen zur Verfügung. In den Prüfzellen wird das tribologische Kontaktverhalten von einer Prüfwelle mit einer Gegenwelle untersucht. Die Hauptkrümmungsradien des Wälzkontakts sind von einer Prüfverzahnung (m_n = 5 mm, $z_{1,2}$ = 25) am Wälzkreis abgeleitet [STRE97 S.16 ff.]. Prüf- und Gegenwelle haben den gleichen Durchmesser und einen Achsabstand von a = 42,05 mm, vgl. Bild 4-2. Der Prüf- und Gegenkörper werden bei den Untersuchungen in dieser Arbeit zylindrisch ausgeführt (Linienkontakt $d_{1/2}$ = 42,05 mm, b_{Steg} = 3,8 - 4 mm). Dem Einfluss von Pressungsüberhöhungen am Laufbahnrand wurde durch die Reduktion des Auswertebereichs auf 60 % der Gesamtbreite begegnet. Die Kraftaufbringung erfolgt in beiden Prüfständen über einen hydraulischen Druckzylinder, mit dem über ein Hebelsystem die Normalkraft in den Scheibenkontakt eingeleitet wird. Die Schmierung erfolgt durch ein separates Ölaggregat mittels Einspritzschmierung.

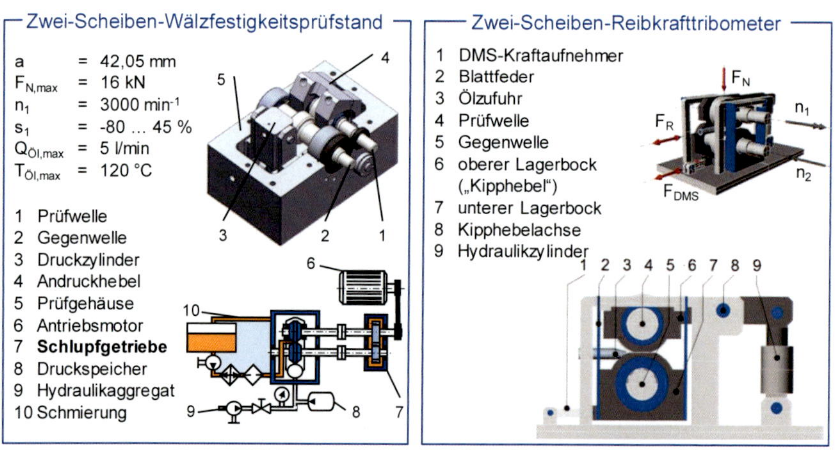

Bild 4-2: WZL-Zwei-Scheiben-Zahnflankenanalogieprüfstände
WZL Disk-on-Disk Analogy Test Rigs

Ein wesentlicher Unterschied zwischen beiden Prüfsystemen ist die Ausführung des Antriebsstrangs. Während beim Reibkrafttribometer die Prüf- und Gegenwelle jeweils mit einem separaten Antriebsmotor ausgestattet sind, besteht der Antriebsstrang bei den Wälzfestigkeitsprüfständen aus nur einem Motor in Kombination mit einem Übersetzungsgetriebe (Schlupfgetriebe). Durch die mechanische Kopplung von Prüf- und Gegenwelle treten immer die gleichen Bereiche von Prüf- und Gegenwelle in den Kontakt, was beim Reibkrafttribometer aufgrund von zwei Antriebsmotoren mit separater Regelung nicht der Fall ist. Aus diesem Grund werden die Untersuchungen bei reinem Rollen in dieser Arbeit auf dem Wälzfestigkeitsprüfstand mit einem Übersetzungsgetriebe der Übersetzung i = 1 durchgeführt. Die Reibkraftuntersuchungen bei konstanter Gleitgeschwindigkeit erfolgen auf dem Reibkrafttribometer.

Der konstruktive Prüfaufbau der Prüfzelle des Reibkrafttribometers entspricht weitgehend dem Zwei-Scheiben-Wälzfestigkeitsprüfstand. Die Gegenwelle ist jedoch auf einem Prüfschlitten gelagert, der mit zwei Blattfederpaketen beweglich im Gehäuse aufgehängt ist. Die Nachgiebigkeit in horizontaler Richtung erlaubt eine Verlagerung der unteren Welle infolge der entstehenden Reibkraft. Die hohe Steifigkeit in vertikaler Richtung verhindert eine Bewegung in Normalkraftrichtung, sodass die Reibkraft über einen Kraftaufnehmer anhand der Tangentialauslenkung gemessen werden kann. Eine detaillierte Beschreibung der Zwei-Scheiben-Prüfstände kann KLOCKE UND BRECHER entnommen werden [KLOC17 S.414 ff. und 535 ff.].

4.2.2 Taktiles Oberflächenmessgerät

Tactile Surface Measurement Device

Die Erfassung der Oberflächentopografie im Ausgangszustand und nach dem Experiment erfolgte mit einem taktilen Oberflächenmessgeräte der Firma JENOPTIK Industrial Metrology Germany GmbH vom Typ Hommel etamic nanoscan 855, siehe **Bild 4-3** links. Die verwendete Tastspitze wies einen Spitzenradius von r_{sp} = 5 µm mit einem Kegelwinkel von γ = 60° auf. Zur Ausrichtung und Positionierung des Prüfkörpers wurde eine Messvorrichtung verwendet, sodass der Prüfkörper bei mehreren Messungen wiederholgenau positioniert werden konnte. Der Messbereich über dem Umfang lag symmetrisch zum höchsten Punkt der Prüffläche bei der Einspannung. In den Randbereichen wurden zur Ausrichtung Referenzmarkierungen (Vickers-Härteeindrücke) eingebracht. Die Erläuterung des Messaufbaus und Bewertung der Messgenauigkeit erfolgt detailliert in Kapitel 5.1.

Die Oberfläche wurde topografisch durch einzelne Profilmessungen erfasst, vgl. Bild 4-3 rechts. Alle Profilmessungen wurden über einer Messtrecke von l_{ges} = 12 mm bei einer Vorschubgeschwindigkeit v = 0,5 mm/s durchgeführt. Die Messkraft betrug F_{mess} = 1mN. Die Auflösung in Vorschubrichtung war d = 0,5 µm. Zur Bestimmung der Oberflächentopografie wurden 144 Messungen in einem Abstand von dy = 7 µm durchgeführt. Die Messdaten im Rohzustand wurden als .txt-Datei an die Software MATLAB übergeben und explizit nicht durch Filteroperationen, wie bspw. eine Form- oder Welligkeitsentfernung, aufbereitet.

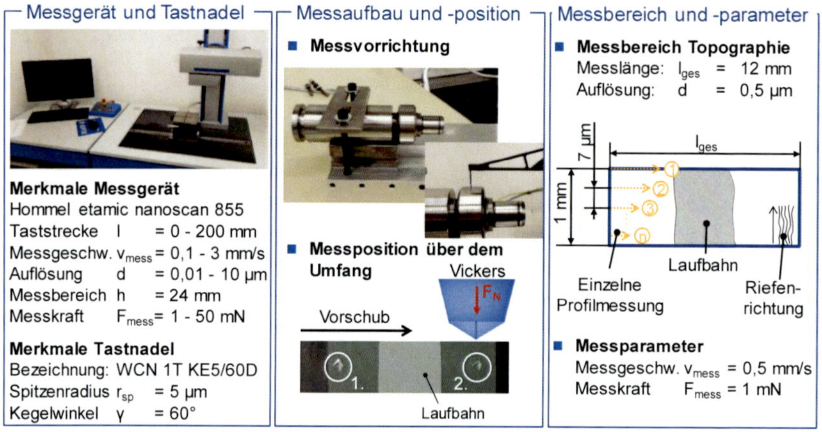

Bild 4-3: Oberflächenmessgerät und Messparameter
Surface Measurement Device and Measurement Parameters

Die Rauheitskennwerte der unterschiedlichen Oberflächenzustände (Ausgangszustand, nach dem Versuch und nach der Berechnung) wurden normkonform mit einer Auswerteroutine basierend auf der Software MATLAB ausgewertet. Für eine bessere Vergleichbarkeit der einzelnen Varianten betrug die Grenzwellenlänge bei allen Auswertungen $\lambda_c = 0{,}8$ mm. Hierbei ist zu beachten, dass die Grenzwellenlänge nach ISO 4288 auf Basis des Rauheitsbetrags der geschliffenen Prüfkörper ($Ra = 0{,}2\text{-}0{,}3$ µm) ausgewählt wurde [ISO98b S.7]. Für die gleitgeschliffene und hartgedrehte Oberflächenstruktur entsprach die Grenzwellenlänge $\lambda_c = 0{,}8$ mm nicht der Normvorgabe, da die Oberflächenrauheit der gleitgeschliffenen Variante unterhalb von $Ra < 0{,}1$ µm (aperiodisches Profil) und die mittlere Rillenbreite der hartgedrehten Varianten bei $R_{Sm} \approx 0{,}08$ mm (periodisches Profil) lagen, was nach ISO 4288 in beiden Fällen einer Grenzwellenlänge $\lambda_c = 0{,}25$ mm entsprechen würde. Zudem wurde bei der Auswertung ein kurzwelliger Profilfilter $\lambda_s = 2{,}5$ µm zur Reduktion des Rauscheinflusses angewendet. Aufgrund der begrenzten Kontaktbreite des Linienkontakts (b = 4 mm) wurden anstelle der empfohlenen fünf Einzelmessstrecken nur drei Einzelmessstrecken ausgewertet, sodass die Gesamtmessstrecke für die Auswertung inklusive des Cut-Offs $l_{ges} = 3{,}2$ mm betrug.

4.3 Prüfkörper

Test Specimen

Die Prüfscheibe des Zwei-Scheiben-Kontakts war zylindrisch mit einer Breite von b = 14 mm und einem Radius $R_1 = 21$ mm. Zur Herstellung der Prüfscheiben wurde der zahnradtypische Einsatzstahl 16MnCr5 verwendet. Die chemische Zusammensetzung der Schmelze im Vergleich zur Vorgabe nach DIN EN 10084 ist in Tabelle 4.1 dargestellt [DIN08 S.14]. Die Ist-Werte der verwendeten Materialcharge erfüllen die

Vorgabe bis auf den Cr-Gehalt, der die obere Toleranz um 0,02 m % überschreitet. Neben der Überprüfung der Sollvorgaben nach DIN EN 10084 wurde der Gehalt für die chemischen Elemente Ni, Mo, Cu, V, Al, B, Ti und N ermittelt (Ni: 0,16 m %; Mo: 0,06 m %; Cu: 0,172 m %; V: 0,007 m %; Al: 0,023 m %; B: 1ppm; Ti: 35 ppm; N: 118 ppm).

Tabelle 4.1: Chemische Analyse des Werkstoffs 16MnCr5 (1.7131)
Chemical Analysis of Material 16MnCr5 (1.7131)

Chemisches Element →	C	Si	Mn	S	P	Cr
Sollvorgabe in Massen- % nach DIN EN 11084 [DIN08 S.14]	0,14 – 0,19	≤ 0,4	1,0 – 1,3	≤ 0,035	≤ 0,025	0,8 – 1,2
Ist-Wert in Massen- % der Materialcharge	0,18	0,33	1,14	0,035	0,022	1,22

Zur Herstellung der Prüfkörper wurde eine klassische Fertigungsprozesskette für einsatzgehärtete Bauteile durchlaufen, vgl. **Bild 4-4**. Aufgrund der länglichen Wellengeometrie des Prüfkörpers wurde nach dem ersten Drehprozess ein Spannungsarmglühen bei 580°C für zwei Stunden durchgeführt. Nach der Weichbearbeltung erfolgte die Einsatzhärtung durch atmosphärisches Aufkohlen und Ölabschreckung (Direkthärtung). Die Oberflächenhärte nach der Wärmebehandlung betrug 680 HV10. Im Anschluss an die Wärmebehandlung wurden die Prüfflächen bearbeitet. Die hartgedrehte Variante wurde mittels Drehprozess mit einem Vorschub von f = 0,06 mm hergestellt. Für die Bearbeitung der geschliffenen Prüfflächen durch den Prozess des Außenrund-Umfangs-Querschleifens zwischen Spitzen wurde eine Schleifscheibe der Spezifikation 89A 802 J 5A V217 mit den Abmessungen 500x60x203,2 der Firma Tyrolit verwendet. Die Umfangsgeschwindigkeit des Werkstücks und der Schleifscheibe betrug v_w = 0,4 m/s bzw. v_c = 40 m/s. Insgesamt wurde im Schrupp- und Schlichtvorgang ein radiales Aufmaß von q = 0,1 mm zerspant. Die Ausfunkzeit betrug t = 2 s. Die Schleifscheibe wurde zur Erreichung der Rauheitsvorgaben nach jedem Prüfkörper und vor dem Schlichten mit konstanten Parametern abgerichtet.

Am fertigen Bauteil lag für eine Grenzhärte von 550 HV1 eine Einsatzhärtetiefe von CHD_{550HV1} = 1,1 mm vor, vgl. Bild 4-4. Die Rand- und Kernhärte der Prüfkörper betrug 725 HV1 bzw. 390 HV1. Für jede Tiefenlage wurden 4 Messpunkte aufgenommen, wobei die Differenz zwischen dem minimalen und maximalen Wert ca. 20 HV1 über der gesamten Tiefe betrug. Der Restaustenitgehalt am Rand lag bei 10 - 15 %, sodass die Randzone vergleichbar mit einsatzgehärteten Zahnrädern ist [LÖPE15 S.36].

Alle Prüfkörper wurden mit denselben Prozessparametern hergestellt, wobei die Oberflächenrauheit für den Ra-Wert prozessbedingt zwischen Ra = 0,2 - 0,3 µm streute. Zur Zuordnung der Prüfkörper in einzelne Rauheitsklassen wurde nach der Fertigung bei allen Prüfkörpern die Oberflächentopografie mit einem Tastschnittmessgerät (vgl. Kapitel 4.2.2) gemessen und ausgewertet, vgl. **Bild 4-5**. Die Auswertung des Ra-Werts erfolgte dabei über zehn Profilmessungen, wobei die Trennung der Rauheitsklassen über den Median bei einem Ra-Wert von Ra = 0,27 µm erfolgte. Bei der Variation der Normalkraft im späteren Versuchsplan wurden die Prüfkörper in den zwei Rauheitsklassen so ausgewählt, dass die Ausgangsrauheit möglichst vergleichbar war.

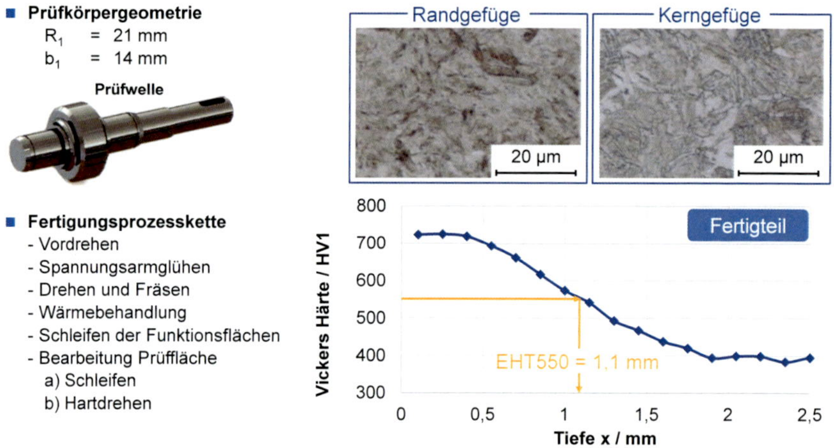

Bild 4-4: Fertigungsprozesskette, Gefüge und Härtetiefenverlauf der Prüfkörper
Manufacturing Chain, Material Structure and Hardness Depth Profile

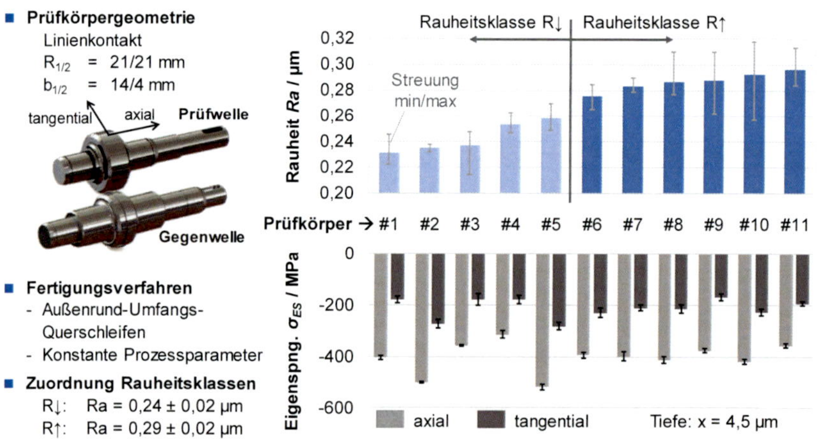

Bild 4-5: Auswertung der Oberflächenrauheit und der Eigenspannung nach der Fertigung
Evaluation of Surface Roughness and Residual Stresses after Manufacturing

Neben der Oberflächenrauheit wurden für alle Prüfkörper die axialen und tangentialen Eigenspannungen direkt unterhalb der Oberfläche in einer Tiefe von ca. $x \approx$ 4,5 µm gemessen (Chromstrahlung, 2 mm Blende, Auswertung der ferritischen Ebene {2 1 1}). Aufgrund des exponentiellen Abfalls der Intensität bei der Eigenspannungsmessung wurde der Messwert gewichtet und über den gesamten Tiefenbereich gemittelt, wobei 97 % des Messwerts durch die Mittelung der Intensität des Messsignals im

Tiefenbereich von $x = 0$ bis 13,5 µm abgedeckt wurden. Dieser Tiefenbereich entspricht dem Ort mit den höchsten plastischen Dehnungen, die mit der Berechnungsmethode vorhergesagt wurden. Die Eigenspannungswerte zeigten keine Korrelation mit der Oberflächenrauheit. Der Mittelwert der Eigenspannung betrug $\sigma_{ES,ax}$ = -400 MPa und $\sigma_{ES,tan}$ = -210 MPa. Für die Berechnungen bei der Validierung wurde jeweils der Messwert des jeweiligen Prüfkörpers verwendet.

4.4 Gegenkörper und Schmierstoffe

Counter Parts and Lubricants

Die Gegenwellen für die Untersuchungen wurden ebenfalls mittels Außenrund-Umfangs-Querschleifprozess gefertigt. Anschließend erfolgte ein chemisch unterstütztes Gleitschleifen, um eine möglichst glatte Oberflächenstruktur zu erhalten und die Interaktion einzelner Rauheitsspitzen zwischen Prüf- und Gegenkörper beim Einlaufvorgang bestmöglich zu verhindern. Für alle Untersuchungen bei reinem Rollen wurde der Gegenkörper in der gleichen Fertigungscharge wie die Prüfkörper gefertigt und konstant gehalten. Die Oberflächenrauheit zeigte vor und nach den Versuchen keine Veränderung und lag im Bereich von $Ra \approx$ 22 nm bzw. $Rz <$ 0,29 µm. Für die Reibkraftuntersuchungen bei konstanter Gleitgeschwindigkeit wurde ein Gegenkörper aus dem Werkstoff PM-HSS G90 mit einer Oberflächenrauheit von Ra = 98 nm verwendet. Aufgrund der höheren Festigkeit des PM-HSS lag während der Versuche kein Verschleiß und keine Veränderung der Oberflächenrauheit des Gegenkörpers vor, sodass die Ergebnisse der Prüfläufe vollständig auf den Prüfkörper zurückgeführt werden konnten.

Als Schmierstoff für die Untersuchungen unter geschmierten Bedingungen wurde ein mineralölbasiertes Industriegetriebeöl der Viskosität ISO VG 68 eingesetzt. Der Schmierstoff war zur Erhöhung des Verschleißschutzes und der Alterungsbeständigkeit mild additiviert, sodass er der Klassifizierung CLP nach DIN 51517-3 gerecht wurde [DIN14]. Die Klassifizierung CLP steht dabei für die Eignung des Schmierstoffs für Umlaufschmierung (C), der Nutzung von Wirkstoffen zur Erhöhung des Korrosionsschutzes und der Alterungsbeständigkeit (L) sowie dem Einsatz von Wirkstoffen zum Herabsetzen des Verschleißschutzes im Mischreibungsgebiet (P) [DIN14]. Die Schmierstoffeigenschaften und die für die Berechnung zugrunde gelegten Werte sind in Tabelle 4.2 zusammengefasst.

Tabelle 4.2: Schmierstoffeigenschaften
Lubricant Properties

Kin. Viskosität 40°C ν_{40}	mm²/s	68	Dichte des Öls $\rho_{Öl}$	kg/m³	900
Kin. Viskosität 100°C ν_{100}	mm²/s	7,5	Druck-Viskositäts-K. α_η	mm²/N	0,014

4.5 Berechnungsprogramme

Calculation Programs

Für die Umsetzung der Berechnungsmethode zur Vorhersage der geometrischen Oberflächenveränderung wurde die Software MATLAB der Firma The MathWorks Incorporated verwendet. Die Software ist spezialisiert auf die Lösung von mathematischen Problemen unter Anwendung von numerischen Berechnungen mittels Matrizen von großer Dimension. Zudem wurde diese Programmierumgebung für den hochgenauen, zeitdiskreten Abgleich von Oberflächentopografien unter Verwendung von programminternen Optimierungsalgorithmen verwendet. Die Durchführung der Berechnung erfolgte weitestgehend auf einem Computer mit 8 Kernen und 32 GB Arbeitsspeicher. Die elastisch-plastischen Mikrokontaktberechnungen erfolgten aufgrund des hohen Berechnungsaufwands auf dem Rechencluster der RWTH Aachen unter dem Projekt rwth0405.

5 Geometrische Oberflächenveränderung im Wälzkontakt

Geometrical Surface Change in Rolling-Sliding Contacts

Während des erstmaligen Betriebs findet bei tribologischen Systemen eine kontinuierliche Veränderung des Randbereichs statt, die im Allgemeinen als Einlauf bezeichnet wird. Neben der Ausbildung von triboinduzierten Grenzschichten kann während der Einlaufphase insbesondere eine Einglättung der Kontaktflächen beobachtet werden. In Abhängigkeit von den Betriebsbedingungen und den Eigenschaften der Triboelemente kann die Einglättung bzw. die geometrische Oberflächenveränderung sowohl auf Abrasion (Mikrospanung/ -furchung) als auch auf plastische Verformungsvorgänge zurückgeführt werden. Für die Entwicklung einer Berechnungsmethode zur Vorhersage der geometrischen Oberflächenveränderung ist die Kenntnis der Wirkmechanismen eine Grundvoraussetzung für die Modellbildung. Aus diesem Grund wird in diesem Kapitel der Forschungsfrage nachgegangen, inwiefern die geometrische Oberflächenveränderung während des Einlaufs in der Nähe des Wälzkreises unter bestimmten Betriebsbedingungen auf die plastische Verformung einzelner Rauheitsspitzen zurückzuführen ist. Insbesondere wird dabei überprüft, ob primär Verschleiß- oder Deformationsvorgänge für die geometrische Oberflächenveränderung während des Einlaufs verantwortlich sind.

Zur Beantwortung der Forschungsfrage wurden experimentelle Untersuchungen zum Einlaufverhalten in Kombination mit weiterführenden Analysen der Oberfläche und der Randzone durchgeführt. Der Fokus der Untersuchung lag auf der Bestimmung der Veränderung einzelner Rauheitsspitzen infolge der Belastung. Hierzu wurde zunächst eine Methode für den hochgenauen, zeitdiskreten Vergleich von Oberflächentopografien entwickelt (Kapitel 5.1). Anschließend erfolgte die experimentelle Untersuchung des Einlaufverhaltens für unterschiedliche Ausgangszustände und Betriebsbedingungen. Im ersten Schritt wurde der Einlauf bei reinem Rollen analysiert, wobei für einen schrittweisen Verständnisaufbau sowohl der fluidfreie als auch geschmierte Kontakt untersucht wurden (Kapitel 5.2). Die Übertragung auf den Wälzkontakt erfolgte anhand von Reibkraftuntersuchungen bei konstanter Gleitgeschwindigkeit in Kapitel 5.3. Die experimentelle Versuchsprogramm baute dabei auf der in Kapitel 4.1 vorgestellten Forschungsmethodik auf.

Neben der Beantwortung der Forschungsfrage bildeten die experimentellen Untersuchungsergebnisse die Grundlage für die Validierung der elastisch-plastischen Mikrokontaktberechnung zur Vorhersage der geometrischen Oberflächenveränderung im Wälzkontakt. Aufgrund des schrittweisen Verständnisaufbaus durch die Wahl des Versuchsprogramms konnten einzelne Bausteine der Berechnungsmethode, wie bspw. das elastisch-plastische Kontaktmodell oder die Modellierung des Schmierstoffs, separat validiert werden. Mit dieser Vorgehensweise wurde verhindert, dass sich infolge von Kreuzeinflüssen zwei überlagernde Effekte bei der Validierung ausgeglichen und die Berechnungsmethode auf fehlerhaften Annahmen beruhte.

5.1 Methode zum hochgenauen, zeitdiskreten Vergleich von Oberflächentopografien

Method for High-precision, Time-discret Comparison of Surface Topographies

Bei der Analyse der geometrischen Oberflächenveränderung während des Einlaufs ist es notwendig, die Oberflächentopografie zu unterschiedlichen Zeitpunkten zu vergleichen. Der Vergleich zwischen den Oberflächen vor und nach der Wälzbeanspruchung wurde bislang in der Regel anhand von Rauheitskennwerten [PREX90 S.36 ff., VOLG91 S.30 ff., BAGH15 S.59 ff., LÖPE15 S.59 ff.] oder durch den direkten Abgleich der gemessenen Primär- oder Rauheitsprofile durchgeführt [JAMA06 S.119 ff., SOSA15 S.32, LOHN16 S.78 ff.]. In beiden Fällen ist eine möglichst hohe Wiederholgenauigkeit bei der Erfassung des Auswertebereichs Grundvoraussetzung, um Fehlinterpretationen infolge lokaler Oberflächenunterschiede zu vermeiden [LOHN16 S.79]. Aus diesem Grund wurde eine Messmethode zum hochgenauen, zeitdiskreten Vergleich von Oberflächentopografien entwickelt, die auf den Arbeiten von [BREC17, BREC19a] aufbaut.

Neben dem Vergleich von 2D-Rauheitskennwerten wurde zur Validierung der Berechnungsmethode angestrebt, die Messdaten direkt (primär) miteinander abzugleichen. Durch den direkten Vergleich der Messpunkte wurde zum einen eine qualitative Validierung der Kontaktberechnung ermöglicht und eine Grundlage für eine wissensbasierte Optimierung gelegt. Zudem anderen wurde der Einfluss von Filteroperationen auf die Auswertung von Rauheitskennwerten eliminiert und somit die Veränderung der Oberfläche als Ganzes (inkl. langwelliger Gestaltabweichungen) bewertet, was aufgrund der großflächigen Kontaktberechnung erstmals ermöglicht wurde.

Die Güte eines Messergebnisses wird entsprechend des Fischgrätendiagramms nach DIETRICH durch die Einflussfaktoren Messobjekt, Messmethode, Mitwelt, Messgerät und Mensch beeinflusst [DIET07 S.3]. Bei der Entwicklung der Messmethode und Bewertung der Wiederholgenauigkeit in Kapitel 5.1.2 wurden der Einfluss des Messobjekts, der Mitwelt und der Messmethode zusammengefasst untersucht und quantifiziert. Der Einfluss des Menschen (Bediener) und des Messgeräts wurde nicht explizit ermittelt, da für die Messungen vor und nach dem Experiment das Messgerät und der Bediener nicht variiert wurden.

5.1.1 Definition der Mess- und Auswertestrategie

Definition of Measurement and Evaluation Strategy

Bei der Entwicklung einer Mess- und Auswertestrategie für den hochgenauen, zeitdiskreten Vergleich von zwei Oberflächentopografien ergeben sich unterschiedliche Anforderung hinsichtlich der Messgenauigkeit. Da die absolute Genauigkeit der einzelnen Messpunkte (xyz-Koordinaten) nicht in der gleichen Größenordnung wie die Gestaltabweichungen der Oberfläche auf Rauheitsebene liegen, spielt insbesondere die relative Genauigkeit der Messung eine entscheidende Rolle. Das primäre Ziel der Messmethode war eine möglichst hohe relative Genauigkeit, was durch eine Reduktion des

Grundrauschens oder von Messfehlern 1. Ordnung (bspw. Winkelabweichung) erreicht werden kann. Neben der relativen Messgenauigkeit wurde die absolute Position des Messaufbaus im Koordinatensystem der Messmaschine kontrolliert, um lokale Einflüsse aus dem Messbereich des Messgeräts, wie bspw. Führungsabweichungen, zu reduzieren. Bei einer hohen relativen Genauigkeit und der Nutzung von Referenzbereichen konnte die absolute Genauigkeit durch einen nachgelagerten Ausrichtealgorithmus auf das Niveau der relativen Genauigkeit gehoben werden.

Die Mess- und Auswertestrategie bestand aus drei Schritten, siehe **Bild 5-1**. Im ersten Schritt erfolgte die Probenpräparation mit Referenzpunkten, die für eine nachgelagerte Ausrichtung von zwei zu unterschiedlichen Zeitpunkten gemessen Oberflächentopografien zueinander notwendig sind. Die Referenzpunkte mussten zum einen fest am Prüfkörper eingebracht sein und zum anderen eindeutig durch einen späteren Ausrichtealgorithmus erkannt werden. Als geeignete und einfache Präparationsmöglichkeit bieten sich Vickers-Härteeindrücke als Referenzpunkte an, weil der Eindruck dauerhaft mit der Oberfläche verbunden ist und die charakteristische Form des Eindrucks eindeutig erfasst werden kann. Für die verwendeten Zwei-Scheiben-Prüfkörper wurden die Härteeindrücke am Rand der Laufbahn eingebracht, die aufgrund des schmaleren Linienkontakts während des Versuchs nicht in den Kontakt traten, vgl. Bild 5-1.

Im zweiten Schritt der Mess- und Auswertestrategie erfolgte die Durchführung der Messung. Dabei wurde der Prüfkörper in einer Aufspannvorrichtung fixiert, wobei die Sperrung des rotatorischen Freiheitsgrad über die Passfedernut am Prüfkörper erfolgte. Die Aufspannvorrichtung wurde anschließend über Anschläge auf dem Messgerät (vgl. Kapitel 4) positioniert und festgestellt. Durch die Anschläge wurde insbesondere die absolute Messgenauigkeit erhöht. Nach dem Anfahren der Startkoordinaten für die Messung wird die Messung mit definierten Messparametern durchgeführt.

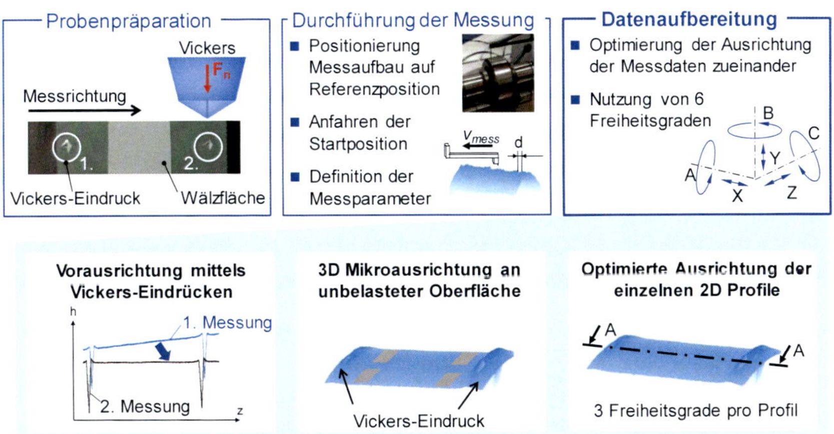

Bild 5-1: Mess- und Auswertestrategie für den hochgenauen Oberflächenvergleich
Measurement and Evaluation Strategy for High-precision Surface Comparison

Nach der Messung der Oberflächentopografie vor und nach dem Versuch fand die Datenaufbereitung statt. Die absolute Genauigkeit der zeitdiskreten Messdaten wurde dabei durch einen Ausrichtealgorithmus unter Nutzung von sechs Freiheitsgraden optimiert. Hierzu wurden die Messdaten durch die Vickers-Eindrücke zunächst vorausgerichtet, um anschließend anhand von unbelasteten Oberflächenausschnitten eine Feinausrichtung durchführen zu können, siehe Bild 5-1. Die Vorausrichtung ist notwendig, damit charakteristische Oberflächenbereiche bereits in direkter Nähe zueinander liegen und der Optimierungsalgorithmus das globale und nicht das lokale Optimum findet. Zudem konnte der Lösungsbereich des Optimierungsalgorithmus für die Feinausrichtung eingeschränkt werden, was zu einer schnelleren Konvergenz führte.

Da die Messung der Oberflächentopografie taktil über einzelne 2D-Profilmessungen und über einen längeren Zeitraum (ca. ein bis zwei Stunden) erfolgte, konnten die Oberflächen je nach Umgebungsbedingungen Abweichungen infolge eines Drifts, wie bspw. einen Twist, aufweisen, die am realen Bauteil nicht vorliegen [NEUG01 S.10]. Aus diesem Grund erfolgte bei der Datenaufbereitung im Anschluss an die 3D-Ausrichtung abschließend eine Optimierung der einzelnen 2D-Profile zueinander anhand von drei Freiheitsgraden.

5.1.2 Bewertung der Wiederholgenauigkeit der Mess- und Auswertestrategie

Evaluation of Repeatability of the Measurement and Evaluation Strategy

Um die Wiederholgenauigkeit der entwickelten Analysemethode zu beurteilen, wurde für drei unterschiedliche Oberflächenstrukturen jeweils ein Prüfkörper vom gleichen Bediener wiederholt an der gleichen Stelle gemessen. Die Messung erfolgte mit einem taktilen Oberflächenmessgerät (vgl. Kapitel 4.2.2), wobei jede Messung aus einem 2D-Profil mit der Messlänge l_{ges} = 12 mm und einer Auflösung in Vorschubrichtung d = 0,5 µm bestand. Es wurde die Prüfwelle des Zwei-Scheiben-Kontakts verwendet (Kapitel 4.2.1). Neben einer geschliffenen Referenzvariante mit Längsriefen wurde die Wiederholgenauigkeit für eine gleitgeschliffene und eine hartgedrehte Variante untersucht, da diese Oberflächenstrukturen ebenfalls für die Validierung des Vorhersagemodells eingesetzt wurden. Die quantitative Bewertung der Wiederholgenauigkeit erfolgte anhand der Standardabweichung des Differenzprofils σ_D. Zur Berechnung des Differenzprofils wurden die Rohdaten der Messung (xy-Koordinaten) subtrahiert, wobei die erste Messung der jeweiligen Messreihe als Referenz diente. Umso höher die Standardabweichung der Differenz der Messdaten ist, umso geringer ist die Wiederholgenauigkeit der Auswertemethode.

Die Bewertung der Wiederholgenauigkeit erfolgte im ersten Schritt ohne Umbau des Messaufbaus, siehe Bild 5-2 **oben**. Dabei wurde die Messung durchgeführt, die Tastspitze auf die Ausgangsposition zurückgefahren und die Messung wiederholt. Die Messdaten wurden sowohl ohne als auch mit Anwendung des Ausrichteoptimierungsalgorithmus (Post-Processing) analysiert. Ohne die Anwendung des Post-Processing wurde die absolute Wiederholgenauigkeit im globalen Koordinatensystem des Messgeräts bewertet. Durch das Post-Processing wird durch Verschiebung und Drehung eine optimale Positionierung der Messdaten zueinander erreicht, sodass in diesem Fall die relative Wiederholgenauigkeit bewertet wird. Die relative Wiederholgenauigkeit (mit Post-Processing) ist die entscheidende Kenngröße für die erreichbare Wiederholgenauigkeit bei der Validierung.

Durch Anwendung des Post-Processings konnte die Wiederholgenauigkeit bei den Versuchen ohne Umbau des Messaufbaus generell verbessert werden, da trotz gleicher Messeinstellungen insbesondere die Startposition der Messung eine Streuung aus dem Messgerät aufwies, vgl. Bild 5-2. Für alle drei Oberflächenstrukturen war das Messergebnis abhängig von der Messgeschwindigkeit. Insbesondere bei der geschliffenen und hartgedrehten Oberfläche stieg die Standardabweichung der Differenzprofile im Mittel mit steigender Messgeschwindigkeit an. Als Optimum für die Messgeschwindigkeit ergab sich unter Anwendung des Post-Processings v_{mess} = 0,5 mm/s.

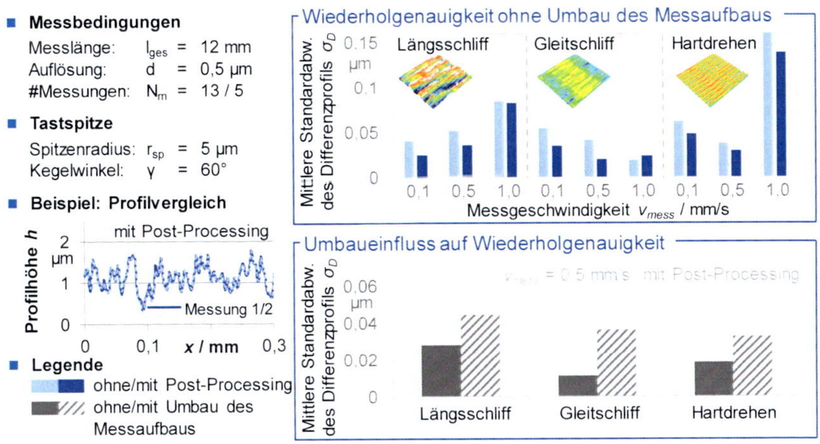

Bild 5-2: Wiederholgenauigkeit der Mess- und Auswertestrategie
Repeatability of Measurement and Evaluation Strategy

Im zweiten Schritt wurde der Messaufbau vor der nächsten Messung vollständig abgebaut (Umbaueinfluss), siehe Bild 5-2 **unten.** Das Vorgehen mit Umbau entsprach dabei dem späteren Experiment, bei dem der Prüfkörper im Ausgangszustand und nach dem Versuch im Prüfstand charakterisiert wurde. Insgesamt wurden für jede Oberflächenstruktur fünf Wiederholmessungen durchgeführt. Entsprechend der Erwartung sank die Wiederholgenauigkeit im Vergleich zu den Ergebnissen ohne Umbau des Messaufbaus. Dennoch lag die Standardabweichung des Differenzprofils für alle drei Oberflächenstrukturen unterhalb von σ_D < 45 nm. Damit war die Wiederholgenauigkeit größer als das Grundrauschen ($Rz0_{68\,\%}$ ≈ 17,3 nm, Rechteckverteilung), der Betrag befand sich jedoch in der gleichen Größenordnung. Zudem ist die Abweichung im Vergleich zum Betrag der Oberflächenrauheit (Ra ≈ 0,2 – 0,3 µm, Rz ≈ 2 µm) als gering zu bewerten. Zusammenfassend kann die entwickelte Analysemethode für beide

Oberflächenstrukturen als fähig bewertet werden und für einen hochgenauen, zeitdiskreten Messdatenabgleich genutzt werden. Dabei ist zu beachten, dass die geometrische Oberflächenveränderung während des Einlaufs primär relativ zwischen Ausgangs- und Endzustand bewertet wird. Aus diesem Grund ist für die Untersuchungen die Rückführbarkeit auf ein nationales Längenmaß von untergeordneter Rolle, da alle Messungen mit demselben Messgerät und derselben Kalibrierung durchführt wurden.

5.2 Experimentelle Ergebnisse bei reinem Rollen

Experimental Results for Pure Rolling Conditions

Die experimentellen Untersuchungen zum Einlauf bildeten die Grundlage für die Validierung der Berechnungsmethode zur Vorhersage der geometrischen Oberflächenveränderung. Aufgrund der konstanten Betriebsbedingungen und präzisen Analysemöglichkeiten wurde auf das vereinfachte Prüfsystem des Zwei-Scheiben-Prüfstands zurückgegriffen, vgl. Kapitel 4.2.1. Die geometrische Veränderung der Oberfläche wurde durch die Messung der Oberflächentopografie des Prüfkörpers vor und nach dem Experiment auf Basis des methodischen Vorgehens gemäß Kapitel 5.1 erfasst. Die Gegenscheibe wurde für alle Untersuchungen konstant gehalten und weist eine gleitgeschliffene und damit möglichst glatte Oberflächenstruktur auf (Kapitel 4.3), um die Interaktion einzelner Rauheitsspitzen beim Einlaufvorgang bestmöglich zu verhindern und so statistische Einflüsse zu reduzieren. Die gemessenen Primärprofile wurden zum einen für eine qualitative Analyse der geometrischen Veränderung direkt miteinander verglichen. Zum anderen wurden normkonforme Rauheitskennwerte abgeleitet und die Materialtraganteilkurven ausgewertet.

Die Versuchsmatrix für die Einlaufuntersuchungen ist in **Bild 5-3** dargestellt und ist in drei unterschiedliche Ebenen untergliedert. Neben der Variation der Rauheit und der Normalkraft wurde der Einfluss der Hydrodynamik durch unterschiedliche Schmierungszustände untersucht. Für einen grundlegenden Verständnisaufbau wurde der Einlaufvorgang im ersten Schritt fluidfrei betrachtet. In diesem Fall konnte die geometrische Oberflächenveränderung infolge der Normalkraft ausschließlich auf den Festkörperkontakt einzelner Rauheitsspitzen zurückgeführt werden, wobei keine Beeinflussung durch einen lokalen Schmierstoffdruck oder ggf. trennenden Schmierfilm vorlag. Zur Verhinderung frühzeitiger Schäden, wie bspw. Fressen, wurden die Untersuchungen bei reinem Rollen durchgeführt. Zudem war bei fehlender Gleitgeschwindigkeit zu erwarten, dass die Oberflächenveränderungen primär auf eine plastische Verformung und nicht auf Abrasion in Form von Mikrospanen oder -furchen zurückzuführen sind.

Der Einfluss der Hydrodynamik wurde durch Einspritzung des Schmierstoffs bei $T_{Öl}$ = 90°C bei gleicher Variation der Rauheit und Normalkraft untersucht (Schmierstoffeigenschaften siehe Kapitel 4.3). Für die geschmierten Kontaktbedingungen konnte zudem eine höhere Normalkraft (F_N = 4624 N; p_H = 2000 MPa) im Stichversuch untersucht werden, der für die fluidfreien Kontaktbedingungen zu einem vorzeitigen Versagen der Oberfläche führte.

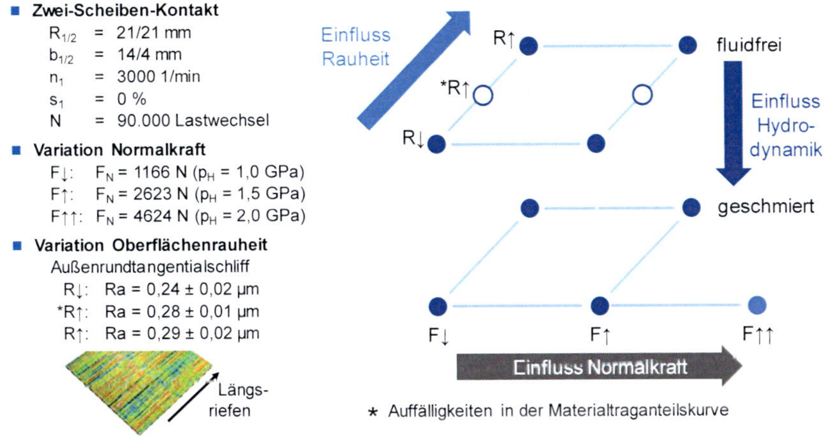

Bild 5-3: Versuchsmatrix
Test Matrix

Alle Prüfkörper wurden mit dem Herstellungsverfahren des Außenrund-Umfangs-Querschleifprozess mit denselben Prozessparametern hergestellt, wobei die Zuordnung der Prüfkörper zu unterschiedlichen Rauheitsklassen durch eine Charakterisierung nach Abschluss der Fertigung stattgefunden hat. Neben der Zuordnung zu zwei Rauheitsklassen konnten zwei Varianten mit Auffälligkeiten in der Materialtraganteilkurve bei einem Ra-Wert von Ra = 0,28 µm extrahiert werden. In der Versuchsmatrix in Bild 5-3 werden diese Versuche durch ein Sternchen gekennzeichnet, wobei jeder Normalkraftstufe jeweils eine Variante zugeordnet wurde. Bezogen auf den Ra-Wert im Ausgangszustand und der Normalkraft sind die beiden Varianten *R↑F↓ und *R↑F↑ am ehesten mit den Variante R↓F↓ (Ra = 0,26 µm) bzw. der Variante R↑F↑ (Ra = 0,29 µm) vergleichbar, vgl. **Bild 5-4**. Bei der Variante mit niedriger Normalkraft unterscheiden sich die Materialtraganteilkurven hauptsächlich im Bereich niedriger Materialtraganteile, wobei die Steigung der Materialtraganteilkurve im Zentralbereich gleich ist. Die Unterschiede der Materialtraganteilkurve können durch eine fertigungsbedingte, langwellige Amplitude erklärt werden, die im Primärprofil von Variante *R↑F↓ auftritt, vgl. Bild 5-4 links. Durch die normkonforme Rauheitsauswertung mit der Grenzwellenlänge λ_c = 0,8 mm wird die langwellige Amplitude herausgefiltert, sodass kein Unterschied im Ra-Wert vorliegt. Bei der Variante mit hoher Normalkraft unterscheiden sich die Materialtraganteilkurven der Varianten R↑F↑ und *R↑F↑ durch die Steigung im Zentralbereich. Trotz eines geringeren Ra-Werts ist die Steigung der Variante *R↑F↑ vom Betrag her größer. Die für den Schleifprozess charakteristische S-Kurve der Materialtraganteilkurve liegt bei beiden Varianten vor. Die nachfolgenden experimentellen Ergebnisse bauen auf den Erkenntnissen von [BREC19a] auf und erweitern diese.

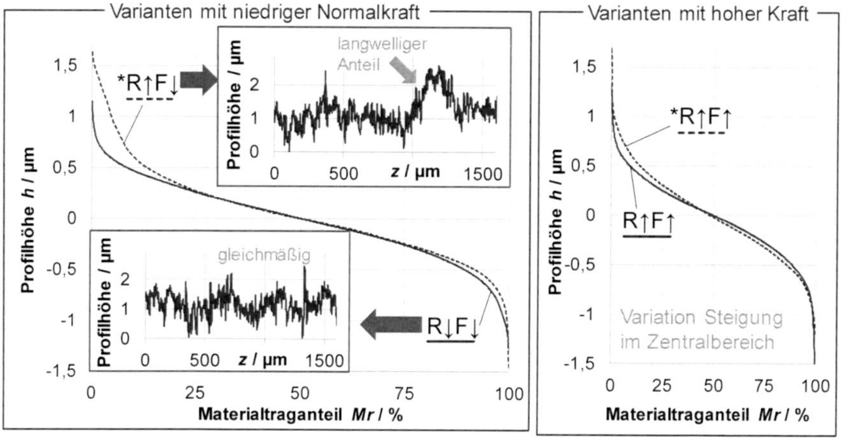

Bild 5-4: Versuchsvarianten mit unterschiedlicher Materialtraganteilkurve
Test Variant with Different Abbott-Firestone-Curves

5.2.1 Geometrische Oberflächenflächenveränderung im fluidfreien Kontakt

Geometrical Surface Changes for Fluid-free Conditions

Die Analyse der geometrischen Oberflächenveränderung erfolgte sowohl quantitativ anhand von Rauheitskennwerten als auch qualitativ durch den direkten Vergleich der gemessenen Primärprofile. In **Bild 5-5** ist die Veränderung des Ra- bzw. Rz-Wert infolge der Beanspruchung während des Experiments unter fluidfreien Kontaktbedingungen zusammengefasst. Für die Belastung unter reinem Rollen fand für alle Varianten ein Einlauf statt, was zu einer Reduktion der Rauheitsbeträge führte. Die Veränderung der Oberflächenrauheit ist primär abhängig von der Normalkraft. Für alle drei Rauheitsklassen ist die Reduktion bei der hohen Normalkraft größer als bei der niedrigen Normalkraft.

Für den Betrag der Veränderung kann keine eindeutige Korrelation zur Ausgangsrauheit festgestellt werden. Während für die niedrige Normalkraft die Einglättung mit steigender Rauheit abnimmt, ist bei der hohen Normalkraft das Gegenteil der Fall. Zudem ist erkennen, dass sich die Varianten *R↑F↓ und *R↑F↑ mit einer unterschiedlichen Ausprägung der Materialtraganteilkurve nicht einordnen lassen. Zusammenfassend kann für die quantitative Analyse der Oberflächenveränderung festgehalten werden, dass eine steigende Normalkraft eine größere Reduktion der Rauheit zur Folge hat. In Abhängigkeit von der Ausgangsrauheit und der Ausprägung der Materialtraganteilkurve ist eine individuelle Veränderung zu beobachten, die keine eindeutige Klassifizierung erlaubt. Auf die Auswertung der Rauheitsparameter der k-Familie wird aufgrund der Fehleranfälligkeit bei der Berechnung der Ausgleichsgeraden im Wendepunkt der Materialtraganteilskurve an dieser Stelle verzichtet [ISO98c S.4].

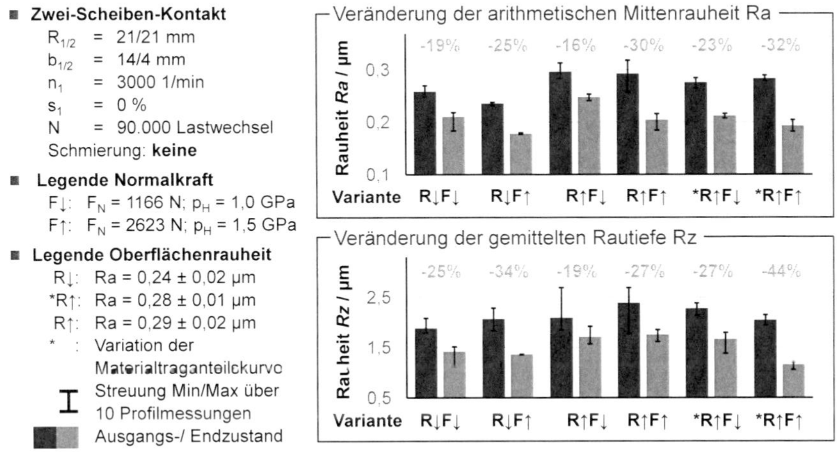

Bild 5-5: Veränderung des Ra- und Rz-Werts unter fluidfreien Kontaktbedingungen
Change of Ra- and Rz-Value for Fluid-free Contact Conditions

Die unterschiedliche Einglättung in Abhängigkeit vom Ausgangszustand war ebenfalls bei der Analyse der Materialtraganteilkurven wiederzufinden, vgl. **Bild 5-6**. Zunächst ist für alle Varianten zu erkennen, dass die charakteristische S-Form nach dem Schleifen auch nach dem Experiment noch vorliegt, wobei die Steigung im Zentralbereich der Materialtraganteilkurve infolge der Beanspruchung während des Experiments flacher geworden ist. Das Abflachen ist zum einen auf eine Reduktion der Rauheitsspitzen und zum anderen auf ein Anheben der Rauheitstäler zurückzuführen. Die parallele Veränderung der Rauheitsspitzen und -täler spricht für eine plastische Verformung und einen Materialfluss von den Rauheitsspitzen zu den Rauheitstälern. Bei den nicht explizit aufgeführten Varianten ist die Veränderung der Materialtraganteilkurve qualitativ gleich, jedoch mit unterschiedlicher Ausprägung.

Ferner ist zu erkennen, dass die Varianten *R↑F↓ und *R↑F↑ mit einer auffälligen Materialtraganteilkurve auch nach dem Experiment noch Unterschiede zu den Vergleichsvarianten R↓F↓ bzw. R↑F↑ aufweisen. Die Variante *R↑F↓ weist im Gegensatz zu allen anderen Varianten die größte Veränderung bei einem Materialtraganteil von Mr = 10-25 % auf. Diese untypische Veränderung ist darauf zurückzuführen, dass die langwellige Amplitude im Primärprofil (vgl. Bild 5-4) infolge der Belastung nicht plastisch verformt wird, sondern erhalten bleibt. Aus diesem Grund liegt nahezu keine Veränderung bei niedrigen Materialtraganteilen vor. Zudem hat sich die Steigung im Zentralbereich der Variante *R↑F↓ stärker abgeflacht als von Variante R↓F↓.

Zur tieferen Analyse der Oberflächenveränderung werden exemplarisch die zwei Varianten R↓F↓ bzw. R↑F↑ mit unterschiedlich großer Veränderung des Ra-Werts qualitativ auf Basis der Primärprofile vor und nach dem Experiment verglichen, vgl. **Bild 5-7**. Durch die Übertragung der Normalkraft im Wälzkontakt glättet sich das Primärprofil ein, was mit der Reduktion des Ra-Werts in Bild 5-5 korreliert. Die Veränderung des

Profils ist dabei auf eine Reduktion der Amplituden zurückzuführen, wobei der charakteristische Verlauf der Rauheitsspitzen und -täler (Frequenz und Phasenlage) erhalten bleibt. Diese Beobachtung lässt die Schlussfolgerung zu, dass der Anteil an plastischen Verformungen gegenüber abrasivem Verschleiß in Form von Mikrospanen oder -furchen dominant ist, was bei reinem Rollen auch zu erwarten ist.

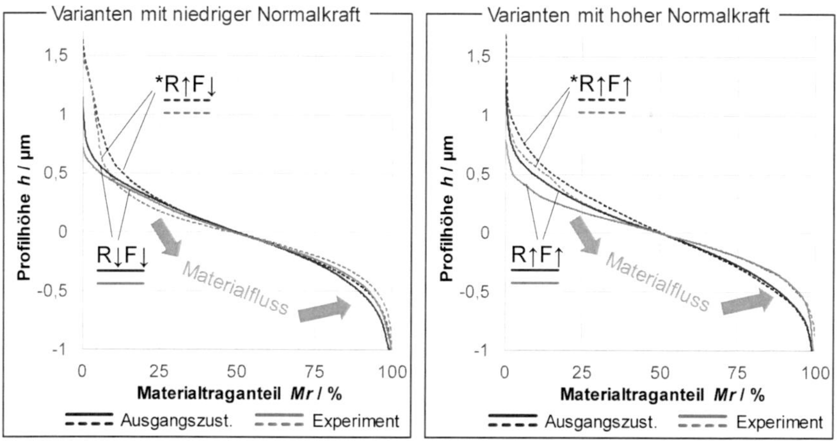

Bild 5-6: Veränderung der Materialtraganteilkurve unter fluidfreien Kontaktbedingungen
Change of Abbott-Firestone-Curve for Fluid-free Contact Conditions

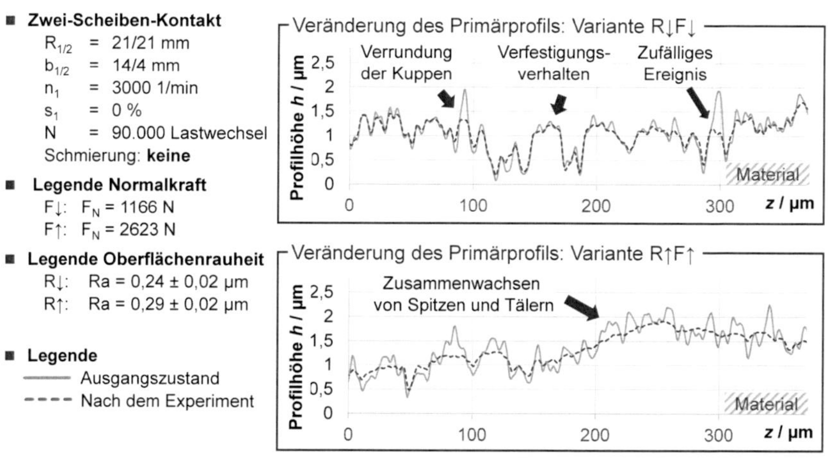

Bild 5-7: Qualitative Bewertung der geometrischen Oberflächenveränderung (fluidfrei)
Qualitative Evaluation of Geometrical Surface Changes (Fluid-free)

Nach dem Experiment bilden sich im Primärprofil einzelne Rauheitsspitzen zu verrundeten Kuppen aus, wobei in der direkten Umgebung ein Anheben der Rauheitstäler zu beobachten ist. Dabei gilt, dass die benachbarten Rauheitstäler umso stärker „aufgefüllt" werden, umso stärker die Reduktion der Rauheitsspitze ist, vgl. Bild 5-7 oben. Für die Variante mit hoher Kraft wachsen einzelne Rauheitsspitzen vermehrt zusammen, was eine Folge der plastischen Verformung und des Materialflusses ist (Bild 5-7 unten). Dabei ist zu erkennen, dass direkt benachbarte Rauheitsspitzen nicht vollständig in eine große, verrundete Kuppe verschwinden, sondern ihr charakteristischer Verlauf bei geringerer Amplitude erhalten bleibt. Dieser Effekt deutet auf ein verformungsabhängiges Verfestigungsverhalten hin.

5.2.2 Geometrische Oberflächenflächenveränderung im geschmierten Kontakt

Geometrical Surface Changes for Lubricated Conditions

Die Ergebnisse zur geometrischen Oberflächenveränderung für die geschmierten Kontaktbedingungen sind vergleichend zu den Versuchen ohne Schmierstoff in **Bild 5-8** zusammenfasst. Bei allen Varianten reduziert sich der *Ra* Wert während des Experiments. Für die geschmierten Versuche ist die Reduktion der Oberflächenrauheit bei allen Varianten verglichen zu den fluidfreien Kontaktbedingungen weniger stark ausgeprägt. Als Ursache für die geringere Reduktion kann der Schmierfilmaufbau infolge der Hydrodynamik und der daraus resultierende Schmierstoffdruck gesehen werden, sodass weniger Normalkraft über die einzelnen Festkörperkontakte übertragen werden muss. Für die Varianten mit geringer Rauheit wird die höhere Einglättung durch eine höhere Normalkraft im Vergleich zu den fluidfreien Kontaktbedingungen bestätigt. Demgegenüber ist die Veränderung bei der höheren Rauheit unabhängig von der Normalkraft, was physikalisch so nicht zu erwarten ist. Für die fluidfreie Variante mit höchster Normalkraft war die Oberfläche nach dem Experiment im Vergleich zu den anderen Varianten aufgrund der hohen Beanspruchung nahezu vollständig zerstört, sodass für den Vergleich keine Auswertung durchgeführt wurde.

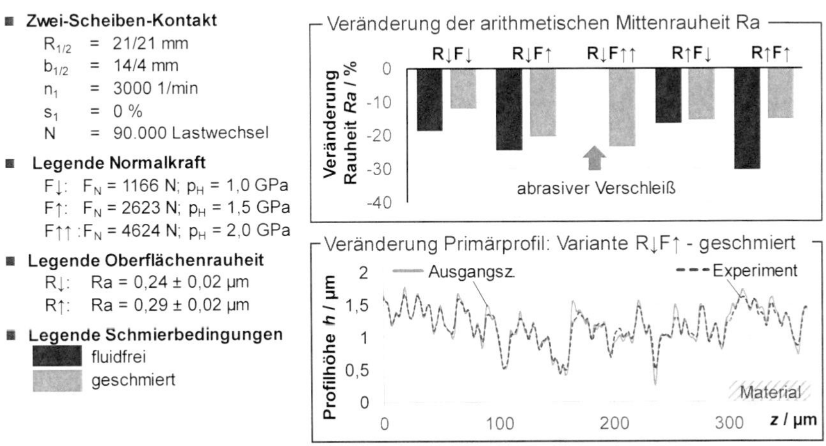

Bild 5-8: Ergebnisse der Oberflächenveränderung für den geschmierten Kontakt
Results of Surface Changes for Lubricated Contact Conditions

Für die qualitative Analyse wird exemplarisch das Primärprofil der Variante R↓F↑ vor und nach dem Experiment ausgewertet. Für die geschmierten Kontaktbedingungen bilden sich einzelne Rauheitsspitzen infolge der Normalkraftübertragung zu verrundeten Kuppen aus. Der charakteristische Verlauf der einzelnen Rauheitsspitzen bleibt jedoch erhalten, sodass eine Veränderung der Oberfläche infolge von Abrasion unwahrscheinlich scheint. Zudem ist zu erkennen, dass sich die Tiefe der Rauheitstäler insbesondere in der Umgebung von stärker reduzierten Rauheitsspitzen verringert. Ähnlich wie bei den fluidfreien Versuchen spricht die gleichzeitige Veränderung der Rauheitsspitzen und -täler für eine plastische Verformung als Haupttreiber der Einglättung. Die Höhe der einzelnen Rauheitsspitzen hat sich weniger stark reduziert als für den fluidfreien Kontakt, was mit der quantitativen Analyse des Ra-Werts übereinstimmt.

5.2.3 Veränderung der Oberfläche und des Eigenspannungszustands

Change of Surface and Residual Stresses

Neben der Untersuchung der geometrischen Oberflächenveränderung anhand eines hochgenauen Vergleichs von Messdaten vor und nach dem Experiment wurden die Veränderung der Eigenspannungen sowie das optische Erscheinungsbild der Oberfläche mittels REM-Aufnahmen erfasst. In **Bild 5-9** werden die Oberflächen nach dem Versuch für die fluidfreien und geschmierten Kontaktbedingungen im Vergleich zum Ausgangszustand dargestellt. Für die Analysen wurden exemplarisch die Varianten mit hoher Ausgangsrauheit und hoher Normalkraft (R↑F↑) hinzugezogen, da dort die höchste Einglättung stattgefunden hat. Die Oberfläche weist die für den Außenrund-Umfangs-Querschleifprozess charakteristischen Riefen auf, die bei der taktilen Oberflächenmessung als Spitzen und Täler erkennbar sind. Nach dem Versuch bleibt die Riefenstruktur für die beiden Kontaktbedingungen weitestgehend erhalten, wobei die Oberfläche infolge des Einlaufs glatter erscheint. Die Einglättung fand an den Rauheitsspitzen statt, wobei die Rauheitstäler unverändert erscheinen. Anzeichen für Mikroflügen oder -spanen sind auf den Aufnahmen nicht zu erkennen. Aus diesem Grund ist davon auszugehen, dass die Einglättung auf eine plastische Verformung an den Festkörperkontakten zurückgeführt werden kann. Für die Versuche bei reinem Rollen ohne Gleitgeschwindigkeit entsprechen die Ergebnisse den Erwartungen.

Im fluidfreien Kontakt sind die eingeglätteten Bereiche stärker ausgeprägt als für den Versuch unter geschmierten Kontaktbedingungen. Die Veränderungen einzelner Rauheitsspitzen sind jedoch vergleichbar, vgl. Bild 5-9 Zoom 1. In Zoom 2 wird jeweils ein weiterer charakteristischer Bereich für den jeweiligen Versuch dargestellt. Für den fluidfreien Kontakt kann beobachtet werden, dass einzelne Rauheitsspitzen zusammenwachsen und die ursprüngliche Riefenstruktur kaum oder gar nicht mehr zu erkennen ist. Die Beobachtungen bestätigen die Erkenntnisse aus dem hochgenauen Vergleich der Oberflächentopografie, vgl. Bild 5-7. Demgegenüber sind beim Versuch mit geschmierten Kontaktbedingungen vermehrt Bereiche vorzufinden, die nur eine geringe Einglättung bzw. plastische Verformung einzelner Rauheitsspitzen aufweisen. Anhand des optischen Erscheinungsbildes der Oberfläche wird die Vorstellung bestätigt, dass für den geschmierten Kontakt der Festkörpertraganteil infolge der Schmierfilmbildung reduziert wurde. Zudem ist im Bereich der Rauheitstäler keine Veränderung zum Ausgangszustand oder Anzeichen von plastischen Verformungsvorgängen zu erkennen, sodass der Schmierstoffdruck die Festigkeit des Werkstoffs nicht überstieg.

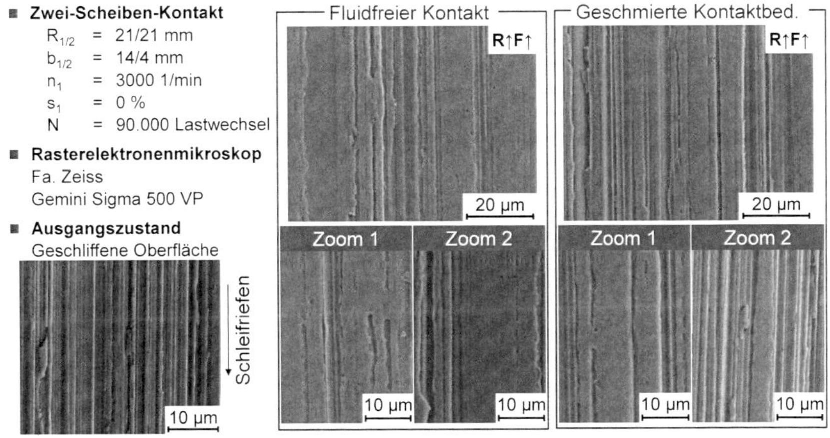

Bild 5-9: Analyse der Oberflächenveränderung mittels von REM-Aufnahmen
Analysis of the Surface Change based on REM Images

Als weiterführende Analyse wurde der Eigenspannungszustand und die Halbwertsbreite vor und nach dem Experiment erfasst, vgl. **Bild 5-10**. Die Halbwertsbreite zeigt keine signifikante Veränderung außer für die fluidfreien Varianten mit hoher Ausgangsrauheit. Dabei ist zu erkennen, dass die Reduktion der Halbwertsbreite mit steigender Normalkraft höher ist. Neben der Reduktion der Oberflächenrauheit während des Experiments und der damit verbundenen geringeren diffusen Streuung bei der Messung können Gefügeumwandlungen, wie bspw. Restaustenit in Verformungsmartensit, zu einer Reduktion der Halbwertsbreite führen. Demgegenüber können plastische Verformungen zu einer Erhöhung der Versetzungsdichte an der Oberfläche führen, sodass ein Anstieg der Halbwertsbreite zu erwarten ist. Aufgrund der gegenläufigen Effekte sind in zukünftigen Arbeiten an dieser Stelle weiterführende Analysen notwendig.

Zudem wird in **Bild 5-10** die Differenz der Eigenspannungen vor und nach dem Experiment dargestellt. Die Differenz der Eigenspannung berechnet sich nach **Formel (5.1)**.

$$\Delta\sigma_{ES} = \sigma_{ES,Ende} - \sigma_{ES,Start} \qquad (5.1)$$

Aufgrund der Übertragung der Normalkraft sinken die Eigenspannungen für alle Varianten nach dem Experiment. Mit steigender Normalkraft ist sowohl für die fluidfreien als auch geschmierten Kontaktbedingungen eine stärkere Reduktion der Eigenspannung zu beobachten. Der betragsmäßige Anstieg der Eigenspannung korreliert dabei mit der Reduktion des Ra-Werts, vgl. Bild 5-5 und Bild 5-8. Die Änderung der tangentialen Eigenspannungen bestätigen die Aussage, wobei die Änderung tendenziell vom Betrag her kleiner ist als bei den axialen Eigenspannungen. Im Vergleich zu den geschmierten Kontaktbedingungen ist die Veränderung der Eigenspannungen für den fluidfreien Kontakt insbesondere für die Varianten mit hoher Ausgangsrauheit stärker ausgeprägt. Die stärkere Reduktion der Eigenspannung korreliert dabei mit der Abnahme der Halbwertsbreite für diese Varianten.

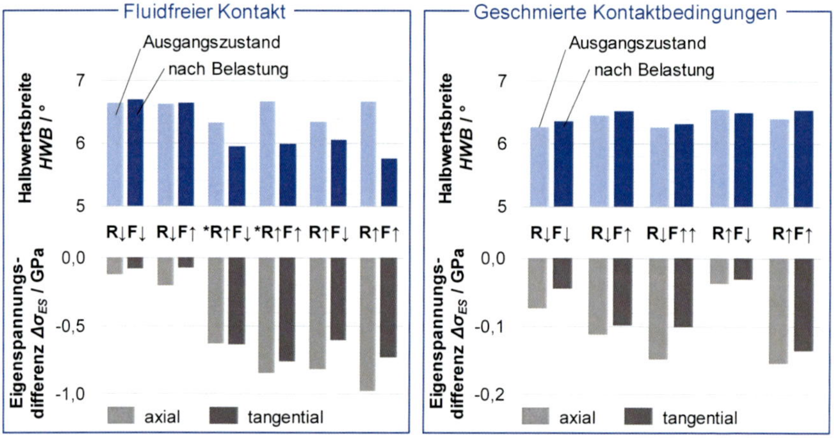

Bild 5-10: Veränderung der Halbwertsbreite und Eigenspannungen
Changes of Full Width of Half Maximum and Residual Stresses

5.3 Experimentelle Ergebnisse bei konstanter Gleitgeschwindigkeit

Experimental Results for Constant Sliding Speed

Neben den Experimenten bei reinem Rollen wurden zur Validierung der Berechnungsmethode Untersuchungen auf einem Zwei-Scheiben-Reibkrafttribometer (Kapitel 4.2.1) durchgeführt, siehe **Bild 5-11**. Das Zwei-Scheiben-Reibkrafttribometer wurde dabei zur Ermittlung von STRIBECK-Kurven für unterschiedliche Betriebszustände und Oberflächenstrukturen genutzt. Anstelle eines konstanten Schlupfs wurde bei den Validierungsversuchen die Gleitgeschwindigkeit konstant gehalten und die Summengeschwindigkeit variiert, um den Reibwert an den Festkörperkontakten für das gesamte Mischreibungsgebiet möglich konstant zu halten.

Ein Prüflauf zur Ermittlung der STRIBECK-Kurve bestand aus einer Hystereseschleife, die mit der maximalen Drehzahl des Prüfstands begann. Nach einem Drehzahlrunterlauf wurde ausgehend von der minimalen Drehzahl $n_{1,min}$ = 200 min^{-1} ein Drehzahlhochlauf und anschließend ein erneuter Drehzahlrunterlauf durchgeführt (Bild 5-11). Die Reibwerte wurden zu diskreten Drehzahlbeträgen (Δn = 200 min^{-1}) über eine Messdauer von t_{mess} = 5 min gemessen und gemittelt. Durch die schrittweise Verringerung des Flüssigkeitsreibanteils im ersten Ast der Hysterese fand ein kontinuierlicher Einlauf der Oberflächentopografie statt. Für den anschließenden Drehzahlhochlauf (zweiter Ast der Hysterese) sank der Reibwert aufgrund der eingelaufenen Oberfläche. Nach der Beendigung des ersten Hystereseasts ist keine Veränderung der Oberfläche mehr zu erwarten, was im Stichversuch durch den gleichbleibenden Reibwert beim zweiten Drehzahlrunterlauf im Vergleich zum Drehzahlhochlauf bestätigt werden konnte, vgl. Beispiel in Bild 5-11.

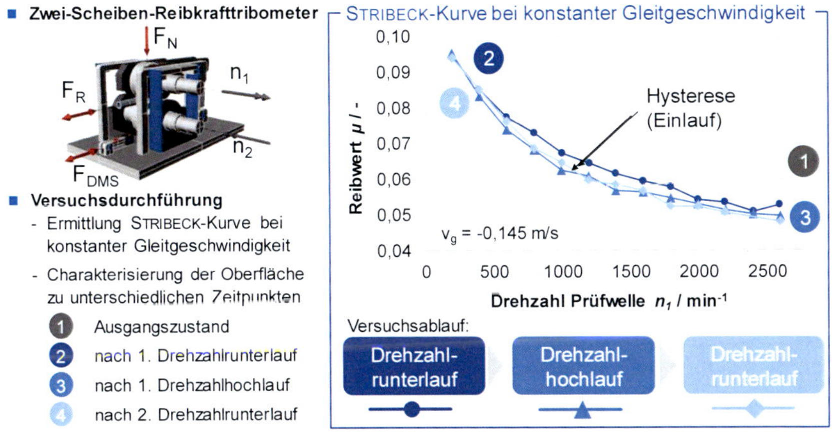

Bild 5-11: Vorgehensweise und Messumfang bei der Ermittlung der STRIBECK-Kurven
Procedure and Measurement Scopo for Determination of STRIBECK-Curves

Während der Versuchsdurchführung wurde die Oberfläche im Ausgangszustand und nach Vollendung jedes Hoch- bzw. Runterlaufs topografisch gemessen, vgl. Kapitel 4.2.2. Die Messdaten wurden für die qualitative und quantitative Bewertung der Oberflächenveränderung und als Eingabegröße für die Kontaktberechnung verwendet. Als Gegenkörper wurde eine zylindrische Scheibe mit einer außenrundgeschliffenen und anschließend polierten Oberfläche aus dem Werkstoff PM-HSS G90 verwendet (Kapitel 4.3), sodass aufgrund der höheren Fließgrenze des PM-HSS keine Veränderung der Oberflächenrauheit des Gegenkörpers festgestellt wurde. Als Schmierstoff wurde ein mineralölbasiertes Industriegetriebeöl der Viskosität ISO VG 68 verwendet, vgl. Kapitel 4.3. Die Versuchsbedingungen und Varianten der Versuchsreihe sind in Tabelle 5.1 zusammengefasst. Neben dem Einfluss der Normalkraft wurde der Fokus bei den experimentellen Untersuchungen mit konstanter Gleitgeschwindigkeit insbesondere auf den Einfluss der Oberflächenrauheit und-struktur gelegt.

Tabelle 5.1: Versuchsbedingungen und -varianten
Testing Conditions and Variants

Versuchsbedingungen			Versuchsvarianten
HERTZ´sche Pressung. p_H	MPa	1000 … 2000	**Normalkrafteinfluss**: → 3 Kraftstufen bei gleichem Prüfkörper
Normalkraft F_N	N	1086 … 4338	**Rauheitseinfluss:** → 3 Rauheitsbeträge (Längsriefen)
Einspritztemp. $T_{Öl}$	°C	60	
Gleitgeschw. v_g	m/s	-0,145	**Oberflächenstruktureinfluss** → 2 Strukturen (Geschliffen vs. Hartgedreht) mit ähnlichem Rauheitsbetrag
Summengeschw. $v_Σ$	m/s	0,75 … 11	

5.3.1 Einfluss der Normalkraft auf den Reibwert

Influence of the Normal Force on the Friction Coefficient

In **Bild 5-12** werden die STRIBECK-Kurven für drei unterschiedliche Normalkräfte dargestellt (p_H =1000; 1500; 2000 MPa). Die Ergebnisse wurden beginnend mit der niedrigsten Kraft mit demselben Prüfkörper erzeugt. Für jede Laststufe werden die Messergebnisse für den Drehzahlrunter- und -hochlauf aufgetragen (Hysterese infolge des Einlaufs der Oberflächen). Mit einer Erhöhung der Normalkraft bildet sich eine erneute Hysteresekurve aus, was auf einen erneuten Einlauf infolge der veränderten Betriebsbedingungen zurückzuführen ist. Die Hysterese ist für den ersten Versuchspunkt bei niedriger Kraft am stärksten ausgeprägt. Über den untersuchten Drehzahlbereich wird ein großer Teil des Mischreibungsgebiets abgedeckt.

Im Bereich hoher Drehzahl konvergieren die Verläufe der Reibwerte für jede Normalkraft auf einen Grenzreibwert zu, welcher mit Verlassen des Mischreibungsgebiets dem Reibwert bei reiner Flüssigkeitsreibung entspricht. Der Reibwert steigt mit der Normalkraft an, was mit dem Stand der Technik bei geringen Gleitgeschwindigkeiten übereinstimmt [STÖß71 S.34]. Im Bereich niedriger Drehzahl ergibt sich aufgrund der unterschiedlichen Steigungen der STRIBECK-Kurven ein Schnittpunkt, sodass ab einer Prüfwellendrehzahl von $n_1 \approx 300$ 1/min der Reibwert für die höchste Normalkraft am niedrigsten ist.

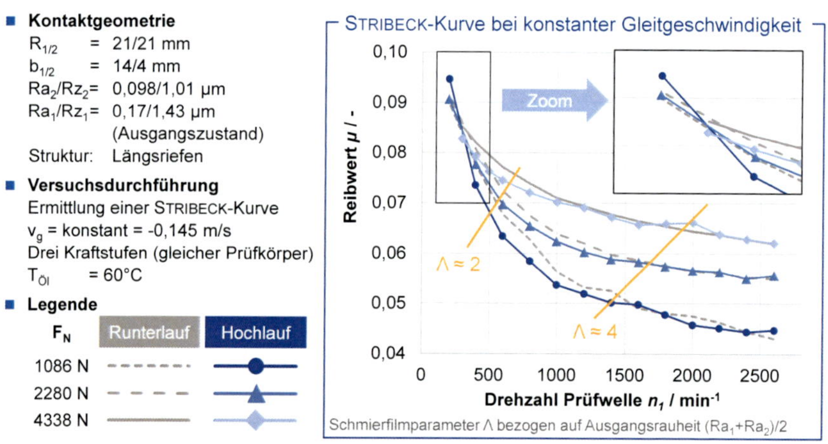

Bild 5-12: Einfluss der Normalkraft auf den Reibwert
Influence of the Normal Force on the Friction Coefficient

Die Ergebnisse der Reibungsmessungen wurden durch die Analyse der Oberflächenrauheit zu unterschiedlichen Versuchszeitpunkten bestätigt, vgl. **Bild 5-13**. Mit steigender Normalkraft wurde eine kontinuierliche Reduktion der Oberflächenrauheit des Prüfkörpers festgestellt. Entsprechend der Erwartung lag nach dem Drehzahlhochlauf bei allen Normalkräften nahezu keine Veränderung der Oberflächenrauheit mehr vor, da mit steigender Drehzahl die Hydrodynamik und damit die Trennung der Oberflächen kontinuierlich verbessert wird. Die größte Veränderung fand bei der ersten tribologischen Belastung mit geringster Normalkraft statt (-15 %), was mit der ausgeprägten Hysterese in Bild 5-12 korreliert. Mit Abschluss der Reibwertmessung für die höchste Normalkraft hat sich der *Ra*-Wert um 19 % reduziert, was mit der Reduktion des *Ra*-Werts bei reinem Rollen und geschmierten Kontaktbedingungen vergleichbar ist, vgl. Kapitel 5.2.2.

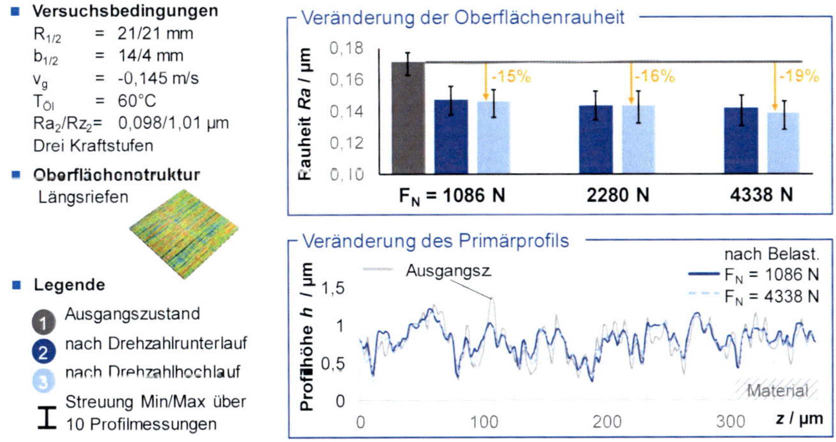

Bild 5-13: Analyse der Oberflächenrauheit bei variierender Normalkraft
Analysis of Surface Roughness for Varying Normal Forces

Die Veränderung der Oberflächenrauheit kann ebenfalls durch die qualitative Analyse des Primärprofils vor und nach dem Experiment bewertet werden, siehe Bild 5-13 unten. Durch die Übertragung der Normalkraft bildeten sich die Rauheitsspitzen zu verrundeten Kuppen aus und die Rauheitstäler wurden teilweise „aufgefüllt“. Die höhere Einglättung mit höchster Normalkraft ist auch qualitativ im Bereich der Rauheitsspitzen erkennbar. Zudem bleibt der charakteristische Verlauf der Rauheitsspitzen und -täler für den gesamten Versuchslauf erhalten, sodass trotz der konstanten Gleitgeschwindigkeit davon ausgegangen werden kann, dass primär plastische Verformungen für die Reduktion der Oberflächenrauheit verantwortlich sind.

5.3.2 Einfluss der Oberflächenrauheit und -struktur auf den Reibwert

Influence of the Surface Roughness and Structure on the Friction Coefficient

Neben der Normalkraft hat die Oberflächenrauheit und -struktur einen entscheidenden Einfluss auf die Reibung und das Einlaufverhalten im Wälzkontakt. Aus diesem Grund wurden Reibkraftuntersuchungen nach demselben Vorgehen mit drei unterschiedlichen Rauheiten (Längsriefen) und drei verschiedenen Oberflächenstrukturen durchgeführt, vgl. **Bild 5-14**. Für alle Versuchsvarianten wird der charakteristisch sinkende Verlauf des Reibwerts im Mischreibungsgebiet (STRIBECK-Kurve) abgebildet. Dabei ist zu beachten, dass die Versuche bei konstanter Gleitgeschwindigkeit anstelle von konstantem Schlupf durchgeführt wurden.

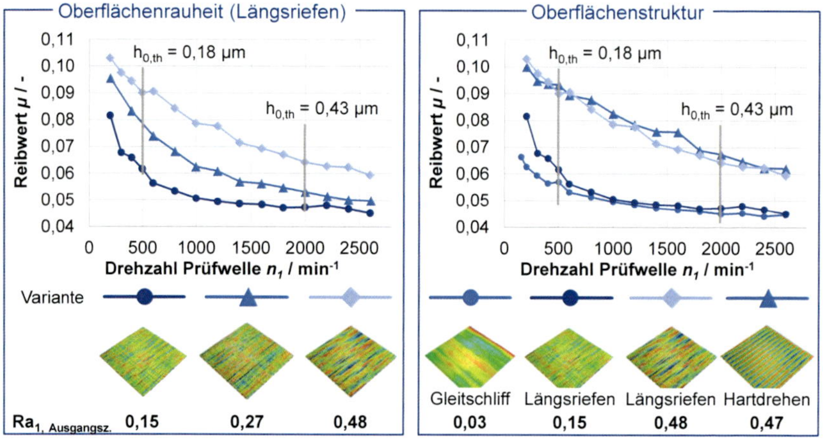

Bild 5-14: Einfluss der Oberflächenrauheit und der Oberflächenstruktur auf den Reibwert
Influence of Surface Roughness and Structure on Friction Coefficient

Für die Varianten mit unterschiedlicher Oberflächenrauheit und einer Oberflächenstruktur mit Längsriefen ordnen sich die Ergebnisse in den Stand der Technik ein [PREX90 S.33, LÖPE15 S.44], vgl. Bild 5-14 links. Mit steigender Rauheit steigt bei gleicher Drehzahl aufgrund eines höheren Festkörpertraganteils der Reibwert an. Beim Vergleich der hartgedrehten und geschliffenen Oberflächenstruktur ist zu erkennen, dass sich der Gradient der STRIBECK-Kurven für die beiden Oberflächenstrukturen unterscheidet. Als Ursache kann die Rillenstruktur der hartgedrehten Oberfläche gesehen werden. Dabei wird bei geringen Festkörpertraganteilen für die hartgedrehte Oberflächenstruktur ein höheres Schmierstoffvolumen zur Füllung der Rauheitstäler benötigt als bei einer geschliffenen Oberflächenstruktur. Sobald die Festkörperkontakte jedoch stärker belastet werden, reduziert sich das Volumen der Rauheitstaschen der hartgedrehten Oberflächenstruktur stärker, da die Steifigkeit der hartgedrehten Rauheitsspitzen aufgrund des großen Abstands benachbarter Spitzen kleiner ist als die der geschliffenen Oberflächenstruktur.

Die Veränderung der Oberflächenrauheit während des Experiments ist vergleichbar zu den Ergebnissen bei variierender Normalkraft (**Bild 5-15**). Für alle Varianten ist eine Reduktion des *Ra*-Werts zwischen 10-19 % nach dem Experiment verglichen zum Ausgangszustand zu beobachten. Die Reduktion der Oberflächenrauheit ist mit Abschluss des Drehzahlrunterlaufs abschlossen, was physikalisch zu erwarten ist, da bei geringster Drehzahl die Festkörperkontakte am stärksten belastet werden und sich die Schmierbedingung im anschließenden Drehzahlhochlauf wieder kontinuierlich verbessern. Zudem ist zu erkennen, dass sich die Oberflächenrauheit der geschliffenen Variante gegenüber der hartgedrehten Oberflächenstruktur stärker reduziert, sodass trotz unterschiedlicher Ausgangszustände der gleiche *Ra*-Wert nach dem Experiment vorliegt. Für den direkten Vergleich beider Varianten wurde die hartgedrehte Oberflächenstruktur entgegen der Norm wie ein aperiodisches Rauheitsprofil ausgewertet.

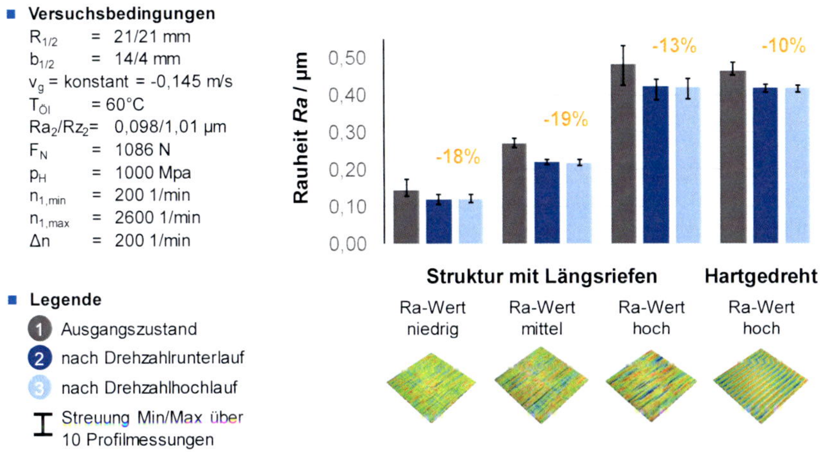

Bild 5-15: Veränderung der Oberflächenrauheit bei unterschiedlichen Ausgangszuständen
Change of Surface Roughness for Different Initial Conditions

In **Bild 5-16** wird ergänzend zur Veränderung der Oberflächenrauheit die qualitative Veränderung der Primarprofile für die geschliffene und hartgedrehte Oberflächenstruktur dargestellt. Für beide Oberflächenstrukturen ist sowohl eine Veränderung im Bereich der Rauheitsspitzen als auch der Rauheitstäler zu erkennen. Der charakteristische Verlauf der Rauheitsspitzen und -täler im Ausgangzustand ist auch nach dem Experiment vorzufinden, sodass die geometrische Oberflächenveränderung primär auf eine plastische Verformung zurückgeführt werden kann. In Summe sind die Ergebnisse bei konstanter Gleitgeschwindigkeit vergleichbar mit den Versuchen bei reinem Rollen.

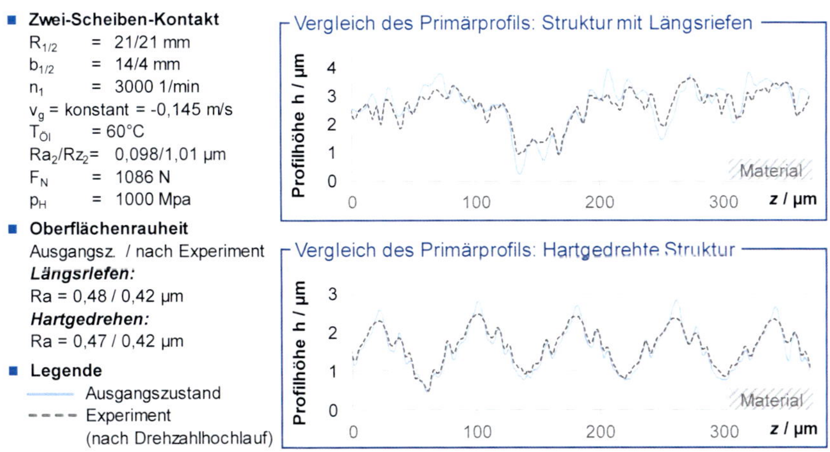

Bild 5-16: Qualitative Veränderung der Primärprofile für zwei Oberflächenstrukturen
Qualitative Change of Primary Profiles for two Surface Structures

5.4 Zusammenfassung der Untersuchungen und Zwischenfazit

Summary of Experimental Results und Interim Conclusions

Der Einlauf von tribologischen Systemen hat einen entscheidenden Einfluss auf die Leistungsfähigkeit im späteren Betrieb. Die Kenntnis der Wirkmechanismen während des Einlaufs und die Quantifizierung der Veränderung sind eine wichtige Voraussetzung für die Modellbildung und die Optimierung von tribologischen Systemen. In diesem Kapitel wurden Untersuchungen zum Einlauf eines Zwei-Scheiben-Kontakts mit dem Fokus auf der geometrischen Oberflächenveränderung durchgeführt. Für den schrittweisen Kenntnisaufbau wurden zunächst Untersuchung bei reinem Rollen (Wälzkreis) durchgeführt, wobei sowohl der fluidfreie als auch der geschmierte Kontakt betrachtet wurden. Anschließt erfolgte die Erweiterung der Erkenntnisse in Hinblick auf schlupfbehaftete Kontaktbedingungen bei konstanter Gleitgeschwindigkeit, vergleichbar mit den Kontaktbedingungen in direkter Nähe zum Wälzkreis.

Auf Basis der experimentellen Untersuchungen und weiterführenden Analysen konnte die Forschungsthese 1 positiv beantwortet werden. Anhand eines hochgenauen, zeitdiskreten Vergleichs von Oberflächentopografien konnte die geometrische Oberflächenveränderung bestimmt und bewertet werden. Der charakteristische Verlauf der rauen Oberfläche bleibt nach dem Einlauf erhalten, wobei sich die Amplituden der Rauheitsspitzen- und -täler infolge der Normalkraftübertragung reduzieren. Die Beobachtungen konnten sowohl bei den Versuchen unter reinem Rollen als auch mit konstanter Gleitgeschwindigkeit gemacht werden. Durch Aufnahmen mittels Rasterelektronenmikrokopie konnte eine plastische Verformung im Bereich der Rauheitsspitzen beobachtet werden, wobei keine Anzeichen für abrasive Verschleißvorgänge in Form von Mikroflügen oder -spanen erkennbar waren. Unter den gewählten Betriebsbedingungen kann die geometrischen Oberflächenveränderung somit mit hoher Evidenz auf die plastische Verformung einzelner Rauheitsspitzen zurückgeführt werden. Insbesondere die Erhaltung des charakteristischen Verlaufs der rauen Oberfläche spricht dabei gegen abrasive Verschleißvorgänge in Form von Mikroflügen oder -spanen. Für die endgültige Beweisführung ist eine Überprüfung der Massenkonstanz oder der Nachweis von Verschleißpartikeln im Nanometerbereich in zukünftigen Arbeiten notwendig.

Die Untersuchungsergebnisse zum Einfluss des Schmierstoffs auf die geometrische Oberflächenveränderung bestätigen die Erkenntnisse aus dem Stand der Technik. Im Vergleich zu den fluidfreien Versuchen fiel die Reduktion der Oberflächenrauheit im geschmierten Kontakt durchweg geringer aus, weil sich infolge der Hydrodynamik ein tragender Schmierfilm ausbilden kann, der eine Normalkraftübertragung auch in den Rauheitstälern bewirkt. Der Grad der Einglättung war abhängig von der Ausgangsrauheit und den Betriebsbedingungen, wobei der Einfluss der Normalkraft für die Varianten mit geringer und hoher Ausgangsrauheit keine eindeutige Tendenz zeigte. Während bei geringer Ausgangsrauheit die Reduktion des Ra-Werts mit steigender Kraft zunahm, konnte bei hoher Ausgangsrauheit entgegen der Erwartung kein Einfluss der Normalkraft festgestellt werden. Ein Grund für den gegenläufigen Normalkrafteinfluss können Unterschiede in der Oberflächentopografie sein, die durch den *Ra*-Wert nicht erfasst werden.

Aufgrund der plastischen Verformung als primärem Wirkmechanismus ist die geometrische Oberflächenveränderung an einzelnen Rauheitsspitzen nachvollziehbar, sodass die Grundvoraussetzung für ein deterministisches Vorhersagemodell vorliegt. Zudem ist die geometrische Oberflächenveränderung von der individuellen Oberflächentopografie (Rauheit und Welligkeit) zu Beginn des Versuchs abhängig, sodass der Aufbau empirischer Modelle für die Erfassung der Vielzahl von Einflussgrößen nicht zielführend wäre. Vielmehr ist der Aufbau einer numerischen Kontaktberechnungsmethode mit einer großflächigen Abbildung der Kontaktfläche auf Mikroebene anzustreben.

6 Methode zur Quantifizierung oberflächennaher Fließkurven im Wälzkontakt

Method for Quantification of Near-surface Flow Curves in Rolling-Sliding Contacts

Für die elastisch-plastische Kontaktberechnung im rauen Wälzkontakt werden als Eingabegröße neben der Kontaktgeometrie und der Normalkraft die Materialeigenschaften der Kontaktkörper in der oberflächennahen Randschicht benötigt. Die verformungsabhängige Materialfestigkeit wird dabei in Form von Fließkurven beschrieben [DOEG86 S.17, ISO17]. Fließkurven werden in der Regel durch den Zug-/Stauchversuch an Standardproben ermittelt, vgl. Kapitel 2.2.1. Für die Übertragung auf den Wälzkontakt besteht in Hinblick auf die Ermittlung einer geeigneten Fließkurvenparametrierung die Herausforderung, die Materialeigenschaften des Wälzkörpers auf die Standardprobe zu übertragen, was insbesondere bei einsatzgehärteten Randzonen mit einem lokalen Härtegradienten zu Unschärfe bei der Übertragung führt.

Des Weiteren existierten für die im Einlauf entscheidende oberflächennahe Randzone ein Prüfverfahren, mit dem auf Basis von Mikrohärteeindrücken ein Fließdruck der Oberfläche berechnet werden kann, vgl. Kapitel 2.2.2. Die Fließspannung wird bei der Mikrohärtemessung nicht ausgewertet. Zudem ist die direkte Ableitung des Verfestigungsverhaltens infolge der plastischen Dehnung mit diesem Verfahren nicht möglich. Aus diesem Grund ist das Ziel dieses Hauptkapitels eine Methode zur Bestimmung verformungsabhängiger Fließgrenzen in der oberflächennahen Randzone für zahnradtypische Werkstoffe. Es wird der Forschungsfrage nachgegangen, ob auf Basis einer deformierten Wälzfläche nach dem Experiment ein Rückschluss auf das verformungsabhängige Fließverhalten gezogen werden kann.

6.1 Grundgedanke und Konzeptionierung der Methode

Basic Idea and Conception of Method

Bei einer ausreichend hohen Belastung eines Wälzkontakts kann die Materialfestigkeit der Randzone lokal überschritten werden, sodass es neben der Einglättung von Rauheitsspitzen zu einer makroskopischen Deformation der Kontaktgeometrie kommt. Mit Abschluss der plastischen Verformung stellt sich in der Randzone ein Spannungszustand ein, mit dem die lokale Fließgrenze gerade nicht mehr überschritten wird. Der Grundgedanke bei der Konzeptionierung der Methode ist daher, dass nach Abschluss einer plastischen Verformung der lokale Beanspruchungszustand in der Randzone zur Quantifizierung der Fließgrenze genutzt werden kann. Dabei muss die Bedingung erfüllt werden, dass infolge der Belastung eine plastische Verformung stattgefunden hat.

In **Bild 6-1** ist das in vier Schritte unterteilte methodische Vorgehen dargestellt. Im ersten Schritt erfolgt die messtechnische Erfassung der Kontaktgeometrie der Wälzkörper. Die Messung wird im Neuzustand und nach der Belastung im deformierten Zustand durchgeführt. Im zweiten Schritt wird die Kontaktpressung unter Verwendung der gemessenen Kontaktgeometrie und der resultierende Spannungszustand unterhalb der Oberfläche berechnet. Aufgrund der plastischen Verformung ergibt sich für die deformierte Kontaktgeometrie eine kleinere Vergleichsspannung als im Neuzustand. Die Vergleichsspannung nach dem Experiment entspricht dabei der lokalen Fließgrenze der Randzone. Die maximale Vergleichsspannung ist dabei ein Maß für die verformungsabhängige Verfestigung des Materials infolge plastischer Dehnungen.

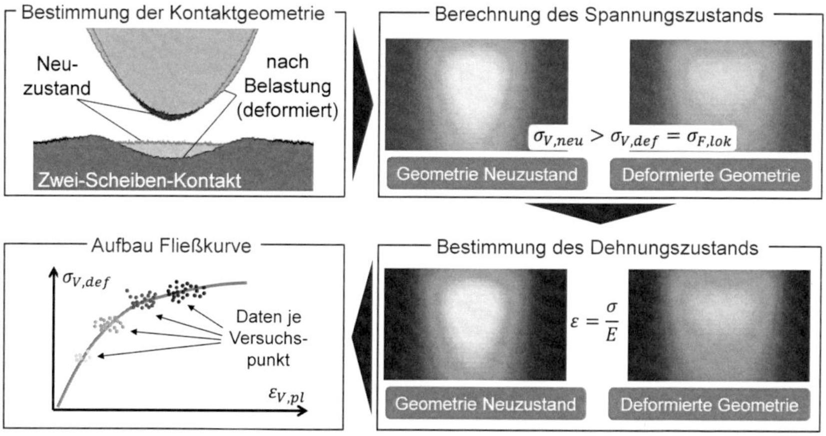

Bild 6-1: Vorgehensweise zur Bestimmung verformungsabhängiger Fließkurven in der oberflächennahen Randzone von Wälzkontakten
Approach for Determining Deformation-depended Flow Curves of the Near-surface Material of Rolling-sliding Contacts

Zur Bestimmung der vollständigen Fließkurve im vierten Schritt, ist die Kenntnis des plastischen Dehnungsbetrags notwendig (Bild 6-1). Die plastische Dehnung wird durch einen Vergleich der Dehnungszustände im unverformten Neuzustand und im plastisch verformten Zustand nach dem Experiment bestimmt, vgl. Kapitel 6.2.3. Zur Erfassung unterschiedlicher Verformungsbeträge und des verformungsabhängigen Verfestigungsverhaltens werden für den Aufbau einer gesamten Fließkurve mehrere Versuchspunkte mit unterschiedlichen Belastungsstufen ausgewertet. Die Auswertung erfolgt im Bereich der maximalen Vergleichsspannung, weil dort die größte Deformation und damit auch die größte Verfestigung vorliegt. Voraussetzung für die Auswertung eines Versuchspunkts ist, dass die Belastung eine erste plastische Verformung der Makrogeometrie zur Folge hatte.

6.2 Anwendung der Methode im Zwei-Scheiben-Kontakt

Application of the Method for Disk-on-Disk Contact

Die Methode zur Quantifizierung verformungsabhängiger Fließkurven im Wälzkontakt wird im Folgenden auf Versuchsergebnisse von einem Zwei-Scheiben-Prüfstand angewendet. Als Versuchsdatenbasis werden die Wälzfestigkeitsuntersuchungen von

LÖPENHAUS für den Werkstoff 16MnCr5 verwendet [LÖPE15 S.55 ff.]. Für die Versuchspunkte mit einer Veränderung der Kontaktgeometrie werden die plastisch verformte Kontaktgeometrie nach dem Experiment erfasst, der resultierende Spannungs- und Dehnungszustand berechnet und abschließend aus mehreren Versuchspunkten eine verformungsabhängige Fließkurve berechnet. Es ist zu beachten, dass die Drehzahl und damit die Belastungsgeschwindigkeit für alle Versuche konstant waren, sodass der Einfluss der Dehnrate als konstant angenommen werden kann.

6.2.1 Prüfkörper und Testmatrix

Test Specimen and Test Matrix

Zur Untersuchung wird der WZL-Zwei-Scheiben-Prüfstand eingesetzt, mit dem in der Vergangenheit eine Vielzahl an Wälzfestigkeitsuntersuchungen durchgeführt wurden, vgl. Kapitel 4.2.1. Als Prüfkörper für die Untersuchungen werden Prüf- und Gegenscheiben mit gleichen Außendurchmessern von d = 42,05 mm verwendet. Die Prüfflächen weisen eine maximale Kontaktbreite von b = 14 mm auf. Die Wälzfläche der Prüfscheibe ist zylindrisch geschliffen. Die Gegenwelle weist eine Balligkeit von R_{bal} = 166 mm (Betrag C_b = 108 µm) auf, sodass ausreichend hohe HERTZ'sche Pressungen zur Überschreitung der Wälzfestigkeit realisiert werden können.

Für die Auswertung der verformungsabhängigen Fließgrenzen im Wälzkontakt werden die Dauerfestigkeitsuntersuchungen auf dem Zwei-Scheiben-Prüfstand aus den Arbeiten von LÖPENHAUS erweitert ausgewertet [LÖPE15 S.64 ff.]. Hierzu werden die Varianten Rz1 (niedrige Rauheit) und S11 (reduzierter Schlupf) ausgewählt, weil für diese Varianten während des Versuchs keine Graufleckigkeit aufgetreten ist und die rechnerische Analyse des Reibungszustands auf reine Flüssigkeitsreibung schließen lässt. Folglich wird bei einer geometrischen Veränderung der Oberfläche von einer Deformation durch Überschreitung der Fließgrenze ausgegangen. Für beide Betriebszustände wurden Versuche nach dem Treppenstufenverfahren zur Ermittlung der Dauerfestigkeit durchgeführt. Die Lastniveaus des Treppenstufenverfahrens liegen bei einem Stufensprung von Δp = 100 MPa zwischen p_H = 2400 - 3100 MPa. Die plastisch verformte Kontaktgeometrie wird nach Ende des Versuchslaufs ausgewertet, der durch Eintritt eines Grübchenschadens oder durch Erreichen der Grenzlastspielzahl (N_{lim} = 50 · 10^6 Lastwechsel) bestimmt wird. Die Prüfkörper sind in der gleichen Fertigungscharge gefertigt worden, wobei zur Einstellung der unterschiedlichen Oberflächenrauheit und -struktur lediglich das Abrichten im finalen Fertigungsschritt variiert wurde. Als Werkstoff wurde der Einsatzstahl 16MnCr5 eingesetzt. Die Randhärte nach der Wärmebehandlung beträgt 735 HV0,1. Eine detaillierte Analyse der Randzoneneigenschaften kann den Arbeiten von LÖPENHAUS entnommen werden [LÖPE15 S.32 ff.].

6.2.2 Analyse der plastischen Verformung infolge der Normalkraft

Analysis of the Plastic Deformation caused by Normal Force

Aufgrund des Punktkontakts bei den Wälzfestigkeitsuntersuchungen im Zwei-Scheiben-Versuch können bei ausreichend hoher Belastung plastische Verformungen auftreten, die zu einer Veränderung der Makrogeometrie führen. In **Bild 6-2 links** wird beispielhaft die Veränderung der Kontaktgeometrie infolge der Normalkraft und die daraus resultierenden Pressungsverteilung dargestellt. Sowohl bei der Gegenwelle als auch bei der Prüfwelle ist für die Belastungsstufe eine geometrische Veränderung in der Kontaktzone erkennbar. Neben der Reduktion der Profilhöhe im Zentralbereich sind Materialaufwürfe in den Randbereichen des Kontakts erkennbar, was auf ein Fließen und damit eine plastische Verformung durch Überschreiten der lokalen Materialfestigkeit schließen lässt [LÖPE15 S.61].

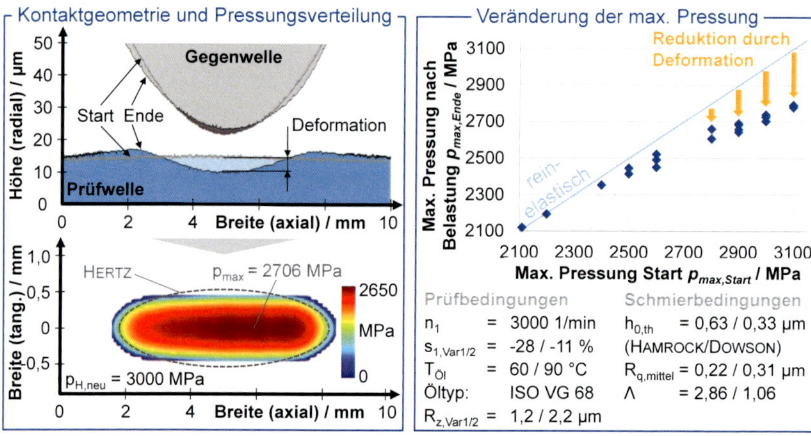

Bild 6-2: Analyse der plastischen Verformung im Zwei-Scheiben-Punktkontakt
Analysis of the Plastic Deformation in the Disk-on-Disk Point Contact

Ausgehend von der deformierten Kontaktgeometrie nach dem Experiment wird die elastische Pressungsverteilung berechnet, die die Grundlage zur Berechnung des Spannungszustands unterhalb der Oberfläche bildet. Aufgrund der beliebigen lokalen Krümmung wird die Berechnungsmethode nach HARTNETT auf Basis des elastischen Halbraums verwendet, vgl. Kapitel 2.3.1. Das Kräftegleichgewicht wird für die Normalkraft während des Prüflaufs berechnet. Für das Beispiel in Bild 6-2 führt die sich im Versuch einstellende konvex-konkave Kontaktgeometrie zu einer reduzierten maximalen Pressung zum Ende des Versuchslaufs $p_{max,Ende}$ = 2706 MPa im Vergleich zu den Startbedingungen $p_{max,Start}$ = 3000 MPa. Die Kontaktfläche vergrößert sich im Vergleich zur idealen Kontaktellipse nach HERTZ, wobei die Kontaktbreite in axialer Richtung ansteigt und sich die kurze Halbachse in tangentialer Richtung verkürzt.

Nach diesem Vorgehen werden in **Bild 6-2 rechts** die maximalen Pressungen zum Versuchsende für 15 Versuche auf unterschiedlichen Lastniveaus des Treppenstufenverfahrens ausgewertet. Auf der x-Achse sind die maximalen Pressungen zu Beginn nach der HERTZ'schen Theorie aufgetragen. Aufgrund der Versuchsdurchführung nach dem Treppenstufenverfahren ergeben sich diskrete Pressungswerte im Abstand von Δp = 100 MPa. Bei rein-elastischer Verformung über dem Versuchslauf ordnen sich die Punkte im Diagramm genau auf der Diagonalen an. Für die vorliegende Prüfkörpercharge (Werkstoff 16MnCr5) kann durch Bildung einer Ausgleichgeraden bis zu einer Pressung von ca. p_H = 2300 MPa rein elastisches Verformungsverhalten beobachtet werden. Ein weiterer Anstieg der anfänglichen Pressung führt aufgrund der begrenzten statischen Materialfestigkeit zu einer plastischen Verformung und damit zu einer Reduktion der maximalen Pressung am Versuchsende. Mit steigender HERTZ'scher Pressung zu Beginn des Versuchs steigt ebenfalls die maximale Pressung am Ende des Versuchs, was auf eine lokale Verfestigung infolge der Deformation zurückgeführt werden kann.

Anhand der Pressungsauswertung nach dem Versuch kann somit zum einen der Beginn des Fließens in der oberflächennahen Randzone unter Wälzbeanspruchung abgeschätzt werden und zum anderen eine verformungsabhängige Verfestigung festgestellt werden. Zum Aufbau einer Fließkurve ist es im nächsten Schritt notwendig, den Spannungszustand unterhalb der Oberfläche zu berechnen und lokal eine Fließgrenze für jeden Versuchspunkt zu bestimmen.

6.2.3 Auswertung des lokalen Spannungs- und Dehnungszustands

Evaluation of Local Stress and Strain States

Zur Bestimmung der Fließspannung wird auf Basis der zweidimensionalen Pressungsverteilung der Spannungszustand unterhalb der Oberfläche mit Hilfe der AIRY'schen Spannungsfunktionen berechnet [AIRY62]. Dem Grundgedanken der Methode entsprechend, wird die plastisch verformte Kontaktgeometrie nach dem Versuch für die Spannungsberechnung verwendet, da in diesem Zustand die plastische Verformung abgeschlossen ist und der verbleibende Spannungszustand der Fließspannung entspricht. Bei der Spannungsberechnung wird der gemessene Eigenspannungszustand nach dem letzten Fertigungsschritt mit $\sigma_{ES,tan}$ = -300 MPa und $\sigma_{ES,ax}$ = -320 MPa superponiert.

Neben der Fließspannung wird der Betrag der plastischen Dehnung zum Aufbau der gesamten Fließkurve benötigt. Dazu wird der örtliche Dehnungszustand für den Neuzustand mit einer elastischen Kontaktberechnung berechnet. Da im Experiment für diesen Spannungszustand plastische Verformungen aufgetreten sind, kann die Vergleichsdehnung für den Neuzustand in einen elastischen und einen plastischen Anteil getrennt werden, **Formel (6.1)**. Der elastische Anteil entspricht dabei dem verbleibenden Dehnungszustand im deformierten Zustand, sodass durch Umstellung der Formel auf die plastische Vergleichsdehnung zurückgerechnet werden kann, **Formel (6.2)** und **(6.3)**

$$\varepsilon_{V,Neuzustand} = \varepsilon_{V,el} + \varepsilon_{V,pl} \tag{6.1}$$

$$\varepsilon_{V,deformiert} = \varepsilon_{V,el} \tag{6.2}$$

$$\varepsilon_{V,pl} = \varepsilon_{V,Neuzustand} - \varepsilon_{V,deformiert} \tag{6.3}$$

6.2.4 Ableitung einer Fließkurve unter Druckbeanspruchung im Wälzkontakt

Derivation of a Flow Curve for Compressive Stresses in Rolling-Sliding Contacts

Für den Aufbau der Fließkurve werden die verschiedenen Versuchspunkte auf den unterschiedlichen Lastniveaus des Treppenstufenverfahren hinsichtlich des Vergleichsspannungs- und Vergleichsdehnungszustands ausgewertet. Von einem Versuchspunkt werden alle Wertepaare aus Vergleichsspannung und plastischer Vergleichsdehnung ausgewertet, die einen Betrag von 99,5 % der maximalen Vergleichsspannung erreichen. In **Bild 6-3** werden die ausgewerteten Versuchsdaten im Spannungs-Dehnungs-Diagramm dargestellt. Je Versuchspunkt ergibt sich eine Punktewolke, deren Streuung mit der Belastung im Prüflauf bzw. mit dem Betrag der plastischen Dehnung zunimmt. In Abhängigkeit von der HERTZ´schen Pressung zu Beginn des Versuchs steigt zum einen der Betrag der plastischen Dehnung und zum anderen die Fließspannung. Durch die Kombination aller Versuchspunkte ist das verformungsabhängige Verfestigungsverhalten mit degressivem Verlauf erkennbar. Der Beginn der plastischen Verformung liegt bei ca. $\sigma_F(\varepsilon_{V,pl} \approx 0) \approx 900$ MPa. Durch die verformungsabhängige Verfestigung stieg die Fließgrenze bei einer plastischen Dehnung von $\varepsilon_{V,pl} \approx 0{,}1$ % auf einen Betrag von ca. $\sigma_F(\varepsilon_{V,pl} \approx 0{,}1\ \%) \approx 1300$ MPa an.

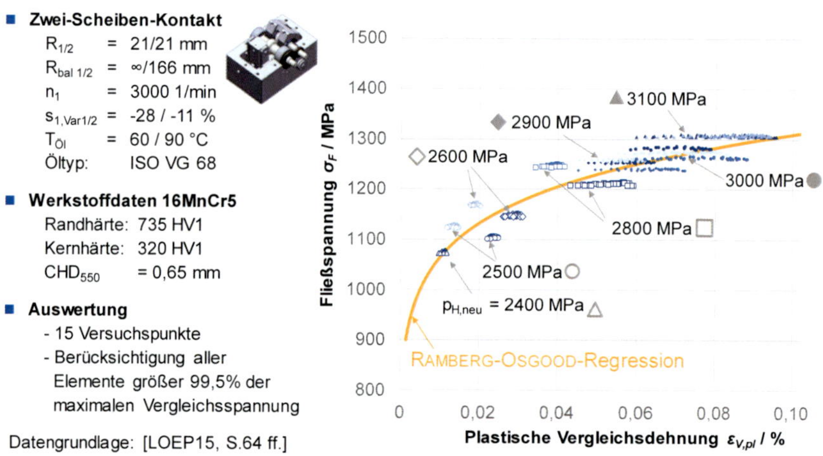

Bild 6-3: Fließkurve für die oberflächennahe Randzone im Wälzkontakt eines 16MnCr5
Flow Curve of Near-surface Material of Rolling-Sliding-Contact of 16MnCr5

Zur Ableitung der Fließkurve aus den Versuchsdaten wird die RAMBERG-OSGOOD-Methode unter Verwendung von **Formel (6.4)** verwendet [RAMB43 S.4 ff.]. Für die untersuchte Werkstoffcharge ergibt sich unter der im Wälzkontakt vorliegen Druckbeanspruchung ein Festigkeitskoeffizient von H = 2452 MPa mit einem Verfestigungsexponenten n = 0,091. Das Bestimmtheitsmaß der Regression beträgt R^2 = 0,78.

$$\varepsilon_{V,pl} = \left(\frac{\sigma_F}{H}\right)^{1/n} \qquad \textit{Ramberg-Osgood-Gleichung} \qquad (6.4)$$

6.3 Zwischenfazit

Interim Conclusions

Bei der vorgestellten Methode wird der lokale Beanspruchungszustand in der Randzone nach Abschluss einer plastischen Verformung zur Quantifizierung der Fließgrenze genutzt. Die Methode eignet sich zur Quantifizierung oberflächennaher Fließkurven unter Beanspruchungsbedingungen im Wälzkontakt. Am Beispiel einer Versuchsreihe auf einem Zwei-Scheiben-Wälzfestigkeitsprüfstand werden durch eine elastische Kontaktberechnung mit der deformierten Kontaktgeometrie nach dem Versuch Rückschlüsse auf die Materialfestigkeit der oberflächennahen Randzone gezogen. Durch den Vergleich der Dehnungszustände vor und nach der plastischen Verformung im Versuch, ist es möglich, eine verformungsabhängige Fließkurve aus mehreren Versuchspunkten abzuleiten. Das verformungsabhängige Verfestigungsverhalten ist degressiv und kann durch die etablierte Regressionsformel nach Ramberg-Osgood angenähert werden. Die vorausgegangene Forschungsthese kann damit positiv beantwortet werden.

Es ist zu beachten, dass mit der Methode die Fließgrenze der oberflächennahen Randschicht in der Tiefe der maximalen Vergleichsspannung ausgewertet wurde. Der Bereich der plastischen Verformung über der Tiefe erstreckt sich teilweise über den gradierten Bereich der Einsatzhärteschicht, sodass die Fließspannungsbeträge als Mittelwert für die Randzone anzusehen sind. Für den Bereich unmittelbar unterhalb der Oberfläche sind aufgrund der höheren Härte auch höhere Fließspannungen zu erwarten. Zur Optimierung der Methode können Prüfkörper mit erhöhter Einsatzhärtetiefe und einem plateauartigen Verlauf verwendet werden, um möglichst konstante Materialeigenschaften über die Tiefe zu gewährleisten.

Weiterhin kann die Methode bei der Berechnung der Spannungstensoren um weitere Einflussgrößen erweitert werden. Neben der Berücksichtigung der Tangentialspannungen infolge der Reibung kann die Verwendung des Eigenspannungszustands nach dem Versuch zu einer genaueren Bestimmung der Vergleichsspannung nach dem Versuch bzw. der Fließgrenze führen. Insbesondere ein betragsmäßig höherer Eigenspannungszustand führt aufgrund des höheren Hydrostaten zu einer geringeren Vergleichsspannung. In Summe wirken sich die Effekte aus der vereinfachten Berechnung der Vergleichsspannung und der Mittelung über der Tiefe gegenläufig aus, sodass in zukünftigen Arbeiten für eine genauere Bestimmung der Fließkurve eine erweiterte Analyse erforderlich ist.

7 Berechnung der geometrischen Oberflächenveränderung im trockenen Kontakt

Calculation Method for Geometrical Surface Changes of Dry Contacts

Die Untersuchungen in Kapitel 5 zeigen, dass die geometrische Oberflächenveränderung bei reinem Rollen und kleinen Gleitgeschwindigkeiten primär auf eine plastische Verformung zurückgeführt werden können. Dabei wurde eine Abhängigkeit von der Normalkraft und der Oberflächenrauheit festgestellt. Zur Vorhersage der geometrischen Oberflächenveränderung bietet der elastische Halbraum in Kombination mit der „Methode kombinierter Lösungen" eine effiziente Möglichkeit zur Lösung anwendungsnaher, großflächiger Kontaktprobleme auf Mikroebene. Zur Berücksichtigung von ideal-plastischem Materialverhalten kann für den elastischen Halbraum das Modell des plastischen Fließdrucks nach BARTEL verwendet werden [BART01 S.13 f.], vgl. Kapitel 2.3.1. Durch das elastisch-plastische Materialmodell wird der Festkörpertraganteil der rauen Oberflächen wesentlich erhöht, jedoch wird die deformierte Kontaktgeometrie unter Berücksichtigung des Materialflusses nicht explizit berechnet. Die Validierung der Berechnung durch einen lokalen Vergleich zwischen experimentellen und berechneten Primärprofilen und die Ableitung von Rauheitskennwerten im eingeglätteten Zustand ist daher nicht möglich. Aus diesem Grund wird in diesem Hauptkapitel die Forschungsfrage beantwortet, inwiefern die Vorhersage der geometrischen Oberflächenveränderung im trockenen Rollkontakt durch eine elastisch-plastische Kontaktberechnung auf Mikroebene möglich ist. Der Fokus liegt auf der Berechnung großflächiger Kontaktflächen, um auslegungsrelevante Rauheitskennwerte ableiten zu können. Zudem bilden gemessene Oberflächen nach dem finalen Fertigungsschritt die Grundlage der Kontaktberechnung, sodass eine flexible und gezielte Übertragbarkeit auf beliebige Oberflächenstrukturen und Maschinenelemente möglich ist. Die folgende Berechnungsmethode baut auf den Erkenntnissen von [BREC19b] auf und erweitert diese.

7.1 Konzeption der Berechnungsmethode

Conception of the Calculation Method

Die zentrale Herausforderung bei der Konzeptionierung der Berechnungsmethode ist die Realisierung einer großflächigen Kontaktberechnung mit einer ausreichenden Auflösung zur Erfassung der Oberflächenrauheit und -struktur. In **Bild 7-1** ist der schematische Aufbau der Berechnungsmethode dargestellt. Der Startpunkt der Berechnung ist die Oberflächentopografie der Kontaktkörper im Ausgangszustand. Die Berechnungsmethode basiert auf einem iterativen Lösungsalgorithmus mit vier Hauptberechnungsschritten. Das iterative Lösungsvorgehen ist aufgrund der ausgeprägten Nichtlinearitäten bei der elastischen-plastischen Mikrokontaktberechnung notwendig. Die Ausgabegröße der Berechnung ist die Oberflächentopografie im eingelaufenen Zustand mit einer ausreichenden Größe für eine normkonforme Rauheitsauswertung.

Im ersten Schritt wird die Pressungsverteilung für den rein elastischen Kontakt berechnet (Bild 7-1). Die zweidimensionale Pressungsverteilung innerhalb der Kontaktfläche wird anschließend auf Basis der AIRY'schen Spannungsfunktionen in einen dreidimensionalen Spannungszustand überführt [AIRY62 S.49 ff.]. Der Spannungstensor für jedes Volumenelement bildet dabei die Grundlage zur Berechnung einer Vergleichsspannung und zur Modellierung des plastischen Materialverhaltens auf Basis eines Fließkriteriums. Im dritten Schritt wird der elastische Spannungstensor in einen plastischen Dehnungstensor mit dem Plastizitätsmodell nach PRANDTL-REUSS überführt [LEE12 S.261 ff.]. Die Deformation in Normalenrichtung zur Oberfläche wird abschließend durch den semi-analytischen Ansatz nach JACQ berechnet (4. Schritt) [JACQ02 S.654 ff.]. In den folgenden Unterkapiteln werden die einzelnen Berechnungsschritte detailliert ausgeführt und auf die Herausforderung bei der Anwendung der Berechnungsmodelle auf den großflächigen Mikrokontakt eingegangen.

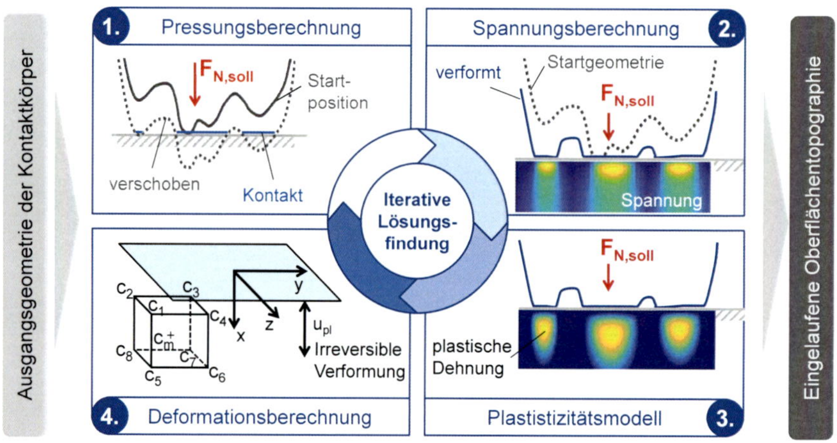

Bild 7-1: Schematischer Aufbau der Berechnungsmethode
Schematic Structure of the Calculation Method

7.1.1 Pressungsberechnung

Calculation of Contact Pressure

Die Grundlage der Pressungsberechnung bildet die elastische Kontaktberechnung im Halbraum nach BOUSSINESQ/LOVE mit dem finiten Lösungsansatz nach HARTNETT [BOUS85, LOVE29 S.378 ff., HART79 S.105 ff.]. Zur Berechnung der gesamten Kontaktfläche wird der Berechnungsansatz um die „Methode kombinierter Lösungen“ erweitert, sodass die Kontaktgeometrie inklusive langwelliger Gestaltabweichungen vollständig berücksichtigt werden kann [BREC16a S.3 ff.], vgl. Kapitel 2.3.1. Insbesondere die Übertragung der entwickelten Einlaufvorhersage auf beliebige Oberflächenstrukturen und Maschinenelemente sowie die Auswertung normkonformer Rauheitskennwerte wird durch eine großflächige Pressungsberechnung auf Mikroebene gewährleistet.

7.1.2 Spannungsberechnung

Calculation of Stress Tensors

Die Spannungsberechnung erfolgt auf Grundlage der analytischen Spannungsfunktionen nach AIRY [AIRY62 S.49 ff.]. Die zweidimensionale Pressungsverteilung in der Kontaktfläche wird durch die AIRY´schen Spannungsfunktionen in ein dreidimensionales Spannungsfeld unterhalb der Oberfläche überführt [BÖRN76 S.12 ff.]. Dabei wird der Spannungstensor für jedes Volumenelement durch Superposition der Einzeleinflüsse von jedem Oberflächenelement berechnet. Zudem werden an dieser Stelle die Eigenspannungen im Neuzustand als Mittelwert für die Oberfläche superponiert. Für die Berechnung der Spannungstensoren ist es nicht notwendig, ein Gleichungssystem zu lösen, weil sowohl die Vernetzungsparameter als auch die Pressungsverteilung im Vorfeld bekannt sind. Aus diesem Grund bleibt die Spannungsberechnung unabhängig von der Größe des Kontaktproblems berechenbar (Möglichkeit der Parallelisierung).

Eine spannungsbasierte Berechnungsmethode hat gegenüber einem rein pressungsbasierten Berechnungsansatz den Vorteil, dass auf Basis der Spannungstensoren eine physikalische Grundlage zur Modellierung der plastischen Verformung geschaffen wird. Zudem werden bei der Spannungsberechnung Wechselwirkungen zwischen benachbarten Mikrokontakten erfasst, die bei der direkten Auswertung der Pressungsverteilung unberücksichtigt bleiben (vgl. Kapitel 7.2.1). Als weitere Einflussparameter auf die plastische Verformung können dem Spannungstensor zusätzliche Spannungskomponenten überlagert werden, wie bspw. Eigenspannungen oder Temperaturspannungen. Sowohl durch die Wechselwirkungen der Mikrokontakte als auch die Superposition der Eigenspannungen wird der Spannungstensor verändert, was insbesondere zu einer Veränderung des hydrostatischen Anteils und damit auch zu einer Veränderung des für die plastische Verformung entscheidenden Deviators führt.

7.1.3 Berechnung des plastischen Dehnungstensors

Calculation of the Plastic Strain Tensor

Für die Berechnung plastischer Dehnungen ist es notwendig, ein Fließkriterium zu definieren und für jedes Element die Erfüllung des Kriteriums zu überprüfen. Für den entwickelten Berechnungsansatz wird ein spannungsbasiertes Fließkriterium nach Formel (2.4) verwendet. Die Vergleichsspannung wird nach der Gestaltänderungsenergiehypothese berechnet, da das VON MISES-Kriterium eine etablierte Festigkeitshypothese für metallische Werkstoffe ist [ISMA79 S.20 ff.]. Die Verwendung eines spannungsbasierten Fließkriteriums stellt eine zentrale Veränderung gegenüber der pressungsbasierten Berücksichtigung plastischer Verformungen bei der Mikrokontaktberechnung im elastischen Halbraum nach BARTEL dar [BART01 S.13 ff.].

Auf Basis des Fließkriteriums wird der plastische Dehnungstensor lokal für alle Elemente berechnet, die die Fließspannung überschreiten. Dazu muss der Spannungstensor zunächst in seinen hydrostatischen und deviatorischen Anteil aufgeteilt werden, da die hydrostatische Spannung σ_m lediglich eine Volumenänderung und keine Formänderung zur Folge hat, **Formel (7.1)** und **(7.2)** [RÖSL19 S.86]. Aufbauend auf dem

Spannungsdeviator wird das Inkrement der plastischen Dehnung auf Basis des Plastizitätsmodells von PRANDTL-REUSS berechnet, **Formel (7.3)** [LEE12 S.261 ff.].

$$\sigma_m = \frac{1}{3}(\sigma_x + \sigma_y + \sigma_z) \qquad \textit{Hydrostat} \qquad (7.1)$$

$$\underline{\underline{S}} = \begin{bmatrix} \sigma_x - \sigma_m & \tau_{xy} & \tau_{xz} \\ \tau_{yx} & \sigma_y - \sigma_m & \tau_{yz} \\ \tau_{zx} & \tau_{zy} & \sigma_z - \sigma_m \end{bmatrix} = \begin{bmatrix} S_x & \tau_{xy} & \tau_{xz} \\ \tau_{xy} & S_y & \tau_{yz} \\ \tau_{xz} & \tau_{yz} & S_z \end{bmatrix} \qquad \textit{Deviator} \qquad (7.2)$$

$$\delta\underline{\underline{\varepsilon}}_{pl} = \frac{3}{2H} \cdot \frac{\sigma_V - \sigma_F}{\sigma_V} \cdot \underline{\underline{S}} \qquad \textit{Prandtl-Reuss} \qquad (7.3)$$

Zur Anwendung des Plastizitätsmodells von PRANDTL-REUSS ist die Steigung H erforderlich, die mithilfe der plastischen Vergleichsdehnung lokal aufgelöst dem Spannungs-Dehnungs-Diagramm entnommen werden kann. Die plastische Vergleichsdehnung kann analog zur Vergleichsspannung auf Basis des plastischen Dehnungstensors berechnet werden. Der plastische Dehnungstensor ergibt sich durch die Summierung der Inkremente plastischer Dehnung in jedem Iterationsschritt. Bei Überführung des Spannungs-Dehnungs-Diagramms in ein linear verfestigendes Materialmodell ist die Steigung entsprechend konstant und kann nach **Formel (7.4)** definiert werden. Zudem ist die Verwendung eines beliebig verfestigenden Materialmodells, wie bspw. nach RAMBERG-OSGOOD möglich, vgl. Kapitel 6.2.4

$$H = \frac{\Delta\sigma}{\Delta\varepsilon_{pl}} = \frac{E_T}{1 - E_T/E} \qquad (7.4)$$

Der Vorteil des Plastizitätsmodells von PRANDTL-REUSS ist die effiziente Berechnung der plastischen Dehnungen auf einer physikalischen Grundlage. Zudem wird die Richtungsabhängigkeit der elastischen Spannungen auf die plastischen Dehnungen übertragen, sodass die Abhängigkeit von der Orientierung des Materialflusses vom Spannungszustand abgebildet werden kann.

7.1.4 Berechnung der Oberflächendeformation

Calculation of Irreversible Surface Deformation

Die Berechnung der Oberflächendeformation ist der finale Schritt im Iterationszyklus der Berechnungsmethode. Zur Bestimmung der geometrischen Oberflächenveränderung ist die Überführung des dreidimensionalen, plastischen Dehnungsfeldes in eine eindimensionale Deformation normal zur Oberfläche für jedes Element notwendig. Hierzu wird der semi-analytische Ansatz nach JACQ verwendet [JACQ02 S.654 ff.].

Die Deformation für jedes Oberflächenelement wird dabei als eine irreversible Verschiebung senkrecht zur Oberfläche ausgedrückt. Das Inkrement der plastischen Verformung δu_{pl} für den jeweiligen Iterationsschritt wird aus der Summe der Verschiebungsanteile aller einzelnen Volumenelemente N berechnet, **Formel (7.5)**. Zur Berechnung des Verschiebungsanteils eines Volumenelements $\delta u_{pl,n}$ werden nach **Formel (7.6)** die Komponenten des Tensors der inkrementellen plastischen Dehnung $\delta\varepsilon_{pl,ij}$ mit den jeweiligen Komponenten der Einflusszahlenmatrix D_{ij} multipliziert und aufsummiert [JACQ02 S.657]. Die Berechnung der Einflusszahlen kann der Arbeit von JACQ entnommen werden, wobei jede Komponente der Einflusszahlenmatrix mit einer spezifischen Einflussfunktion und in Abhängigkeit von der Größe des Volumenelements und der Tiefenlage berechnet wird [JACQ02 S.658]. Die Berechnung der plastischen Verformung erfolgt für jedes Oberflächenelement, sodass sich für das Inkrement der plastischen Verformung δu_{pl} ein Vektor ergibt.

$$\delta u_{pl} = \sum_{n=1}^{N} \delta u_{pl,n} \qquad mit\ i,j,n,N \in \mathbb{N} \tag{7.5}$$

$$\begin{aligned} \delta u_{pl,n} &= \delta \underline{\underline{\varepsilon}}_{pl,ij}(n)\, \underline{\underline{D}}_{ij}(n) \\ &= \delta\varepsilon_{pl,xx} \cdot D_{xx} + \delta\varepsilon_{pl,xy} \cdot D_{xy} + \delta\varepsilon_{pl,zx} \cdot D_{zx} \\ &\quad + \delta\varepsilon_{pl,yx} \cdot D_{yx} + \delta\varepsilon_{pl,yy} \cdot D_{yy} + \delta\varepsilon_{pl,yz} \cdot D_{yz} \\ &\quad + \delta\varepsilon_{pl,zx} \cdot D_{zx} + \delta\varepsilon_{pl,zy} \cdot D_{zy} + \delta\varepsilon_{pl,zz} \cdot D_{zz} \end{aligned} \tag{7.6}$$

7.1.5 Flussdiagramm der Methode

Flow Chart of the Method

Aufgrund der hohen Nichtlinearitäten bei der elastisch-plastischen Kontaktberechnung erfolgt die Lösung des Kontaktproblems iterativ. In **Bild 7-2** wird das Flussdiagramm zur Vorhersage der geometrischen Oberflächenveränderung im rauen Kontakt dargestellt. Zu Beginn der Berechnung werden die Eingabegrößen in Form der Kontaktgeometrie im Neuzustand, den Materialparametern und den Startwerten für die iterative Lösungsfindung definiert. Den Kern eines Iterationsschritts bilden die vier Schritte aus den Kapiteln 7.1.1 bis 7.1.4. Aufgrund des hohen Berechnungsaufwands werden die Eigenspannungen bei der Berechnung der plastischen Deformation entgegen dem Vorgehen nach HAUER nicht iterativ berechnet, sondern konstant durch den Eigenspannungszustand im Neuzustand superponiert [HAUE14 S.83 ff.].

Vor Beginn jedes Iterationsschritts wird die Kontaktgeometrie unter Berücksichtigung der plastischen Verformung u_{pl} (Iterationswert) neu berechnet, vgl. Bild 7-2. Am Ende des Iterationsschritts erfolgt die Überprüfung der iterativen Randbedingungen. Für eine erfolgreiche elastisch-plastische Kontaktberechnung muss das äußere Kräftegleichgewicht erfüllt und die plastische Verformung (geometrische Korrektur) abgeschlossen sein. Das äußere Kräftegleichgewicht wird analog zum Berechnungsvorgehen nach HARTNETT über die Definition eines Grenzfehlers kontrolliert [HART79 S.106 f.], vgl. **Formel (7.7)**. Überschreitet der aktuelle Fehler den Grenzwert $\varepsilon_{FN,grenz}$, wird die globale Annäherung u_0 der Körper zueinander angepasst.

Der Fortschritt der plastischen Verformung wird anhand der Spannungsdifferenz $\Delta\sigma$ zwischen der Fließgrenze (Sollwert) und der Vergleichsspannung bewertet. Als Kriterium für eine erfolgreich abgeschlossene plastische Verformung wird **Formel (7.8)** verwendet. Die Berechnung des Fehlers für die Spannungsdifferenz $\varepsilon_{\sigma,ist}$ erfolgt durch die Bildung des arithmetischen Mittelwerts über alle Volumenelemente, wobei eine Trennung von negativen und positiven Beträgen notwendig ist, damit die Abweichungen an einzelnen Volumenelemente sich nicht auslöschen, vgl. Zusatz Formel (7.8). Abschließend wird der maximale Betrag herangezogen.

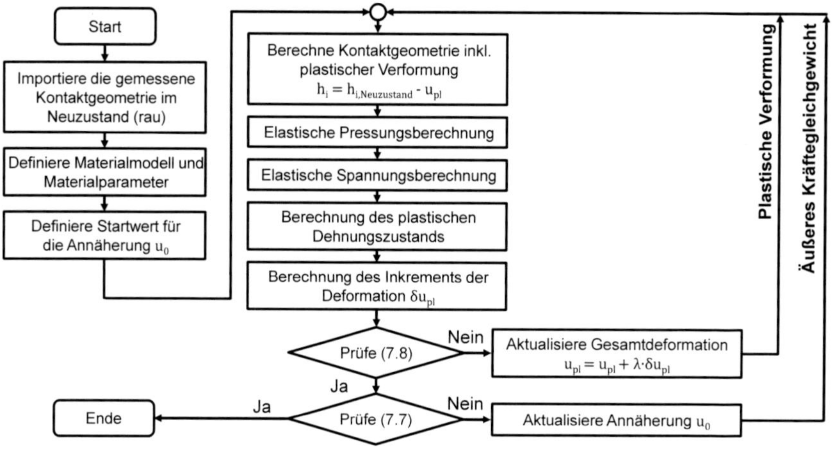

Bild 7-2: Flussdiagramm zur iterativen Lösung des Kontaktproblems
Flow Chart for Iterative Solving of Contact Problem

$$\varepsilon_{FN,ist} < \varepsilon_{FN,grenz} \quad mit \quad \varepsilon_{FN;ist} = \frac{F_{N,ist} - F_{N,soll}}{F_{N,ist}} \tag{7.7}$$

$$\varepsilon_{\sigma,ist} < \varepsilon_{\sigma,grenz} \quad mit \quad \varepsilon_{\sigma,ist} = max(|\varepsilon_{\sigma^-}|, |\varepsilon_{\sigma^+}|) \tag{7.8}$$

$$und \quad \varepsilon_{\sigma^-} = \overline{\Delta\sigma}(\Delta\sigma < 0);\ \varepsilon_{\sigma^+} = \overline{\Delta\sigma}(\Delta\sigma > 0)$$

Wird die durchschnittliche Spannungsdifferenz nach dem Iterationsschritt überschritten, erfolgt die Anpassung der Gesamtdeformation für jedes Oberflächenelement, vgl. Bild 7-2. Die Relaxation der plastischen Deformation erfolgt für den Mikrokontakt nicht über eine schrittweise Erhöhung der Normalkraft, weil auch für vergleichsweise kleine Normalkräfte ($F_N << 0{,}01\ F_{N,soll}$) bereits hohe Vergleichsspannungen an einzelnen Mikrokontakten entstehen und die Deformation überschätzt wird. Aus diesem Grund wird das Inkrement der plastischen Verformung δu_{pl} mit einem Dämpfungsfaktor λ multipliziert und dem bisherigen Schätzwert der Gesamtdeformation addiert, vgl. Bild 7-2. Der Betrag des Dämpfungsfaktors wird dabei über die maximale Spannungsdifferenz im gesamten Kontakt berechnet und ist konstant für alle Oberflächenelemente, sodass die Stetigkeit der plastischen Verformung gewährleistet wird. Zudem ist zu beachten, dass das Inkrement der plastischen Verformung sowohl für negative als auch positive Spannungsdifferenzen berechnet wird, wenn die initiale Fließspannung einmal überschritten wurde. Eine lokale Überschätzung der plastischen Verformung einzelner Volumenelemente kann auf diese Weise rückgängig gemacht werden, sodass nicht mehr die Notwendigkeit besteht, das Kontaktproblem über diskrete Kraftschritte mit einer anschließenden Relaxation zu lösen.

Sowohl der Dämpfungsfaktor für das Inkrement der plastischen Verformung als auch die Zulässigkeit negativer plastischer Dehnungen ist aufgrund der starken Kreuzeinflüsse im Mikrokontakt und der hohen Nichtlinearitäten (Kontakt, Geometrie/Kraft, plastische Verformung) eine wichtige Anpassung im iterativen Lösungsvorgehen, um eine effiziente Konvergenz des großflächigen, mikrogeometrischen Kontaktproblems zu erreichen. Trotzdem können die Spannungsberechnung und die anschließende Bestimmung der plastischen Verformung den Berechnungsaufwand derart steigen lassen, dass die Berechenbarkeit trotz leistungsstarken Rechnern für eine großflächige, raue Kontaktberechnung nicht gewährleistet werden kann. Daher werden in der folgenden Verifikation zum einen die Richtigkeit der Implementierung der einzelnen Berechnungsschritte und zum anderen die notwendige Berechnungsauflösung und Möglichkeiten zur Optimierung des Berechnungsaufwands analysiert.

7.2 Verifikation des Algorithmus

Verification of Algorithm

Zur Verifikation der entwickelten Methode wird zum einen die Implementierung der einzelnen Berechnungsansätze im Abgleich mit analytischen Berechnungsansätzen überprüft. Zudem anderen werden die Anwendbarkeit jedes Berechnungsansatzes im Hinblick auf die großflächige Mikrokontaktberechnung bewertet und Optimierungspotenziale hinsichtlich des Berechnungsaufwands abgeleitet. Für die Verifikation wird als Referenzmodell ein ideal-glatter Kugel-Ebene-Kontakt mit einem Radius von R = 0,5 mm, einer Normalkraft F_N = 3 N und den Materialparametern E = 210000 MPa; ν = 0,3 aufgebaut.

7.2.1 Spannungsberechnung im Mikrokontakt

Stress Calculation in Micro Contacts

Die Implementierung der AIRY´schen Spannungsfunktionen wird anhand der Spannungsverläufe über der Tiefe für eine Referenzgeometrie und im Abgleich mit analytischen Ergebnissen aus dem Stand der Technik verifiziert. Zudem wird die Auswertetiefe für eine numerisch richtige Erfassung der Mikrospannungsfelder und der Einfluss benachbarter Mikrokontakte untersucht. In **Bild 7-3** wird das Berechnungsergebnis der Vergleichsspannung auf Basis der numerischen Spannungsberechnung dargestellt und mit den analytischen Funktionen nach HERTZ abgeglichen. Bei der numerischen Berechnung wird die Normalkraft iterativ über die Anpassung der Annäherung erfüllt. Neben der HERTZ´schen Pressung und der Abplattungsbreite werden der Betrag und die Tiefe der maximalen Vergleichsspannung durch die numerische Spannungsberechnung bestätigt. Zudem wird die Symmetrie des Spannungsfelds entsprechend der Erwartung für eine ideal-glatte Kugel abgebildet.

Neben der Überprüfung der Spannungsberechnung ist die Kenntnis des zulässigen Auswertebereichs in Tiefenrichtung eine zentrale Voraussetzung. Bei der Mikrokontaktberechnung spielt insbesondere die minimale Auswertetiefe in Abhängigkeit von der Vernetzungsauflösung auf der Oberfläche eine wichtige Rolle. In **Bild 7-4 links** wird die Spannungskomponente σ_x in Abhängigkeit von der Tiefe für drei unterschiedliche Vernetzungsauflösungen (dy, dz) an der Oberfläche dargestellt (Referenzmodell, dx = 0,1 µm). Während in größeren Tiefen (x > 0,01 mm) die Spannungsverläufe für die unterschiedlichen Vernetzungsauflösungen identisch sind, ist in geringerer Tiefe ein Unterschied erkennbar, wobei die Spannungskomponente σ_x in allen Fällen für x = 0 mm gegen negativ unendlich konvergiert. Nach der analytischen Berechnung ist dieser Verlauf nicht zu erwarten, da der Betrag der Spannungskomponente σ_x sein Maximum direkt an der Oberfläche bei x = 0 mit einem Betrag gleich der Kontaktpressung nach HERTZ p_H ausbildet. Zudem ist zu erkennen, dass die Spannungsverläufe den Betrag der HERTZ´sche Pressung in unterschiedlichen Tiefen erreichen. Umso höher die Vernetzungsauflösung, umso geringer ist auch die Tiefe, in der die HERTZ´sche Pressung erstmals erreicht wird.

- **Kugel-Ebene-Referenzmodell**
  R = 0,5 mm
  E = 210000 MPa
  ν = 0,3
  F_N = 3 N
  p_H = 3138,5 MPa
- **Vernetzungsparameter**
  dy = dz = 1 µm
  dx = 0,5 µm
  #2D-Elemente = 6561
  #3D-Elemente = 380538

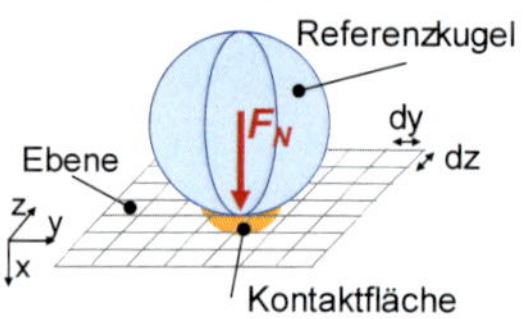

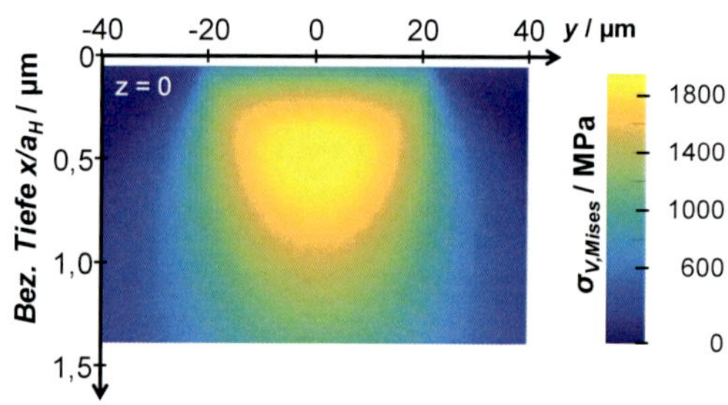

Verifikation	a_H / µm	p_H / N/mm²	$\sigma_{V,max}$ / MPa	x ($\sigma_{V,max}$) / µm
HERTZ	21,36	3138,5	1945,8	10,7
Numerisch	21,00	3138,7	1946,3	10,5

Bild 7-3: Referenzmodell und Verifikation der Vergleichsspannungen
Reference Modell and Verification of Equivalent Stresses

Für die Quantifizierung der minimalen Auswertetiefe wird in **Bild 7-4 rechts** eine Konvergenzanalyse in Abhängigkeit von der Oberflächenvernetzung durchgeführt. Unter der minimalen Auswertetiefe wird die numerische Grenze verstanden, bis zu der die semi-analytische Spannungsberechnung in Abhängigkeit der Vernetzungsauflösung ausgewertet werden kann. Als Kriterium für die Ermittlung der minimalen Auswertetiefe wird die Tiefe bestimmt, bei der die Normalspannung σ_x (Normal zur Oberfläche) den Betrag der HERTZ´schen Pressung annimmt. Bei einer quadratischen Vernetzung sinkt die minimale Auswertetiefe nahezu linear mit der Vernetzungsauflösung an der Oberfläche, siehe Bild 7-3 rechts. Für rechteckige Oberflächenelemente wird die minimale Auswertetiefe durch die längere Kantenlänge bestimmt, sodass eine Optimierung der Rechenzeit für die zweidimensionale Pressungsberechnung mit Rechteckelementen zu Lasten der minimalen Auswertetiefe geht. Der Zusammenhang zwischen der Vernetzungsauflösung an der Oberfläche dy, dz und der numerisch minimalen Auswertetiefe x_{min} kann mit **Formel (7.9)** angenähert werden.

$$x_{min} = max(dy, dz) + 0{,}5\ \mu m \tag{7.9}$$

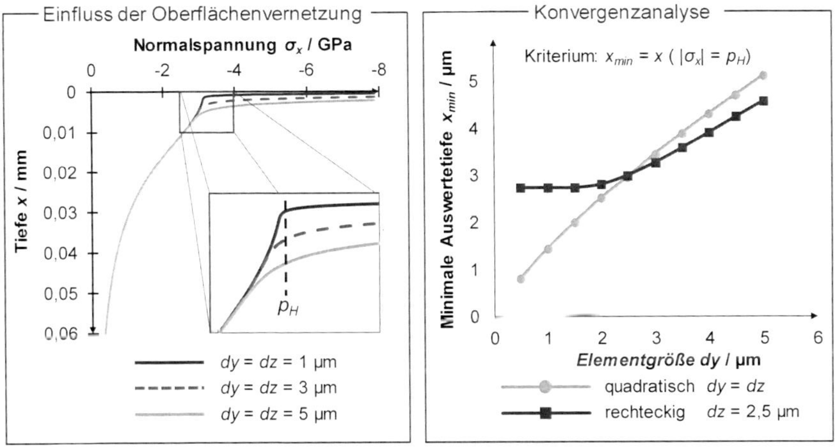

Bild 7-4: Analyse der minimalen Auswertetiefe in Abhängigkeit der Oberflächenvernetzung
Analysis of Minimal Evaluation Depth depending on Surface Meshing

Bei der Spannungsberechnung im Mikrokontakt treten zudem Wechselwirkungen zwischen den Spannungsfeldern benachbarter Rauheitsspitzen auf, vgl. **Bild 7-5**. Zur Analyse der Wechselwirkungen werden aufbauend auf der Pressungsverteilung für das Referenzmodell Muster mit unterschiedlichem Abstand erzeugt, in dem die Pressungsverteilung dupliziert wird. Auf diese Weise entsteht ein Modellkontakt. Die maximale Pressung von p_H = 3139 MPa ist für alle Berechnungen gleich, sodass die Varianten sich im Falle eines pressungsbasierten Fließkriteriums nicht unterscheiden. In Bild 7-5 oben wird der Einfluss des Abstands zwei benachbarter Punktkontakte auf den Hydrostat und die MISES-Vergleichsspannung dargestellt. Die Ergebnisse werden am Ort der maximalen Vergleichsspannung ausgewertet und auf die Variante ohne direkte Nachbarn (unendlicher Abstand) normiert. Mit sinkendem Abstand steigt der Hydrostat vom Betrag und folglich sinkt die Vergleichsspannung (Deviator) für den Kontaktpunkt in der Mitte. Die Veränderung ist auf die Superposition von Spannungskomponenten zurückzuführen, die durch Abstrahleffekte aus den benachbarten Mikrokontakten wirken.

Neben dem Abstand hat die Anzahl der Kontaktpunkte einen Einfluss auf den Hydrostat und die Vergleichsspannung, vgl. Bild 7-5 unten. Wird die Anzahl an direkten Nachbarn durch ein Kreuzmuster weiter erhöht, steigt der Hydrostat betragsmäßig an. Die Steigerung konvergiert auf einen Grenzwert zu, was physikalisch zu erwarten ist, weil mit steigendem Abstand der Einfluss weit entfernter Kontaktpunkte kontinuierlich kleiner wird. Die maximale Reduktion der MISES-Vergleichsspannung beträgt für die vorliegenden Beispiele ca. 16 %.

Zusammenfassend kann für die Verifikation der Spannungsberechnung festgehalten werden, dass die AIRY´schen Spannungsfunktionen korrekt implementiert wurden und die Vernetzung der Oberflächen einen wesentlichen Einfluss auf die minimale Auswertetiefe hat. Zudem hat die Wechselwirkung von einzelnen Mikrokontakten einen signifikanten Einfluss auf den Spannungstensor und den Betrag der Vergleichsspannung. Trotz konstanter Oberflächenpressung an den einzelnen Mikrokontakten verändert sich in Abhängigkeit von der Anzahl der Mikrokontakte und deren Abstand zueinander der Betrag der maximalen Vergleichsspannung. Für die Kontaktberechnung mit rauen Oberflächen bedeutet das, dass mit einer spannungsbasierten Modellierung die lokale Beanspruchung im Mikrokontakt genauer abgebildet werden kann als bei einem rein pressungsbasierten Berechnungsansatz.

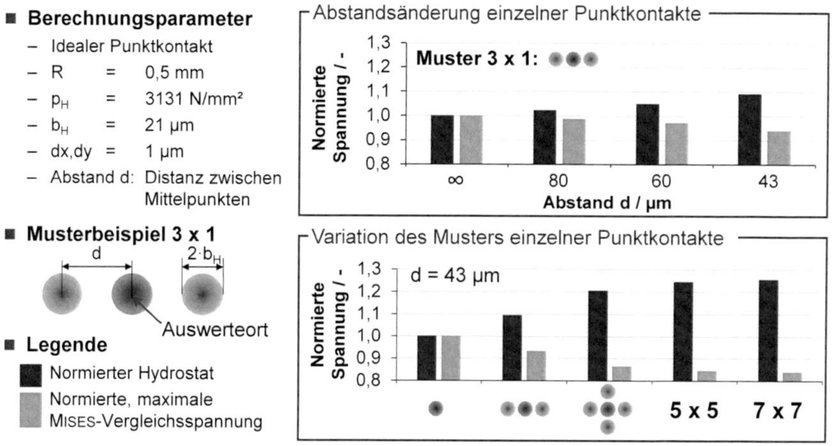

Bild 7-5: Einfluss benachbarter Mikrokontakte auf die Vergleichsspannung
Influence of Neighbouring Micro Contacts on Equivalent Stress

7.2.2 Überprüfung der plastischen Verformung

Verification of Plastic Deformation

Der semi-analytische Ansatz nach JACQ zur Berechnung der Oberflächendeformation ist etabliert und Bestandteil unterschiedlicher Berechnungsmethoden. Die Implementierung der Formelzusammenhänge für die entwickelte Berechnungsmethode wird in zwei Schritten verifiziert. Neben der Überprüfung der Einflusszahlen D_{ij} erfolgt die elastisch-plastische Berechnung des in Bild 7-3 eingeführten Kugel-Ebene-Kontakts. In **Bild 7-6 links** werden die sechs Einflusszahlen D_{ij} für die Deformationsberechnung nach JACQ über der Y-Koordinate für $z = 2$ µm und eine Auswertetiefe $t = 10$ µm abgebildet. Entsprechend der Erwartung sind die Einflusszahlen $D12$ und $D23$ punktsymmetrisch zum Ursprung und die verbleibenden vier Einflusszahlen achsensymmetrisch. Für alle Einflusszahlen konvergiert der Betrag mit steigendem Abstand zum Ursprung gegen Null, sodass entsprechend weit entfernte Elemente einen sinkenden Einfluss auf die Oberflächendeformation haben.

Zudem wird in Bild 7-6 links die Einflusszahl $D22$ aufgrund des charakteristischen Vorzeichenwechsels für unterschiedliche Tiefenlagen aufgetragen. Auf der einen Seite sinkt der maximale Betrag der Einflusszahl mit steigender Tiefe, sodass bei gleicher plastischer Dehnung die Oberflächendeformation mit der Tiefe abnimmt. Zum anderen ist zu erkennen, dass der Vorzeichenwechsel mit steigender Tiefe einen größeren Abstand zum Ursprung aufweist. Entsprechend der Erwartung wird somit durch eine plastische Verformung in größerer Tiefe der Kontakt in einem größeren, umliegenden Bereich deformiert. Neben der Analyse der Einflusszahlenverläufe wurde bei der Verifikation zusätzlich die Unabhängigkeit der Vernetzungsauflösung an der Oberfläche und in Tiefenrichtung überprüft. Für die Tiefenrichtung wurde insbesondere die Verwendung einer gradierten Vernetzung verifiziert.

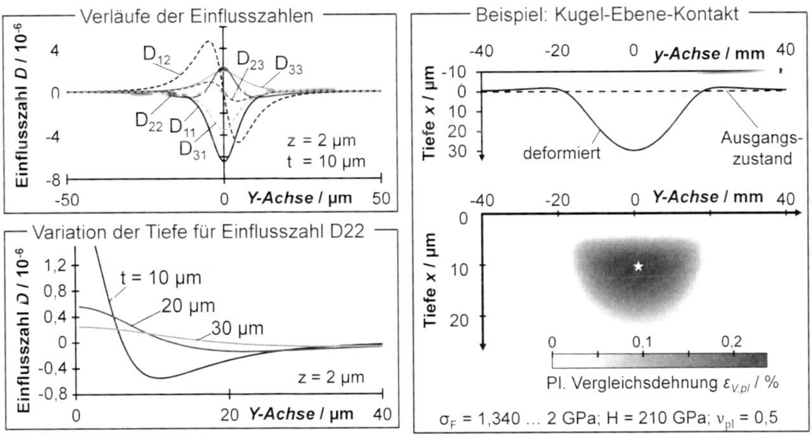

Bild 7-6: Verifikation der Deformationsberechnung
Verification of the Calculation of the Plastic Deformation

Auf Basis der verifizierten Einflusszahlen wurde als Beispiel der Kugel-Ebene-Kontakt mit elastisch-plastischem Materialverhalten berechnet, vgl. **Bild 7-6 rechts**. Als Materialmodell wurde linear-plastisches Verfestigungsverhalten zwischen $\sigma_F = 1{,}34 \ldots 2$ GPa mit einer Steigung $H = 210$ GPa gewählt. Die Querkontraktion bei der plastischen Verformung wird aufgrund der Volumenkonstanz zu $\nu = 0{,}5$ gesetzt [RÖSL19 S.86]. Die Vernetzungsauflösung wird analog zu der Spannungsberechnung in Bild 7-3 mit $dx = 0{,}5$ µm und $dy = dz = 1$ µm gewählt. Bei der Oberflächendeformation ist zu erkennen, dass die maximale Verformung am Ort der maximalen Pressung auftritt. In einem Abstand von $y = 20$ µm vom Ursprung sind Materialaufwürfe aufgrund des Materialflusses zu den Seiten zu erkennen. Der Betrag der Deformation in der Mitte ist größer als die Materialaufwürfe an den Seiten, weil das Material aus der Mitte auf eine größere Fläche verteilt wird. Zur Verifikation der Materialverteilung wurde die Volumenkonstanz geprüft und bestätigt. Die Verteilung der plastischen Vergleichsdehnung bildet den Verlauf der Vergleichsspannung aus Bild 7-3 ab, wobei die plastischen Dehnungen lediglich im Zentralbereich vorzufinden sind. Die maximale plastische Vergleichsdehnung beträgt $\varepsilon_{V,pl,max} = 0{,}24$ % und befindet sich in einer Tiefe von $x(\varepsilon_{V,pl,max}) = 11{,}5$ µm. Zusammenfassend sind die Oberflächendeformation und die

Verteilung der plastischen Dehnungen vergleichbar mit den Ergebnisse von WANG und HAUER, sodass die Implementierung der Deformationsrechnung als verifiziert betrachtet werden kann [WANG05 S.499 ff., HAUE14 S.105 ff.].

7.2.3 Berechenbarkeit und Optimierung des Berechnungsaufwands

Computability and Optimization of the Calculation Effort

Bei der Spannungs- und Deformationsberechnung ist die Berechenbarkeit insbesondere bzgl. des Speicherbedarfs unabhängig von der Größe des Kontaktproblems gegeben, weil bei der Berechnung keine linearen Gleichungssysteme gelöst werden müssen. Aufgrund der Kombination von Makro- und Mikroebene und der damit verbundenen feinen Vernetzungsauflösung über einen großen Kontaktbereich ergibt sich jedoch ein vergleichsweise großes Kontaktproblem, sodass das Kontaktproblem mit gegebenen Rechenkapazitäten und der Möglichkeit der Parallelisierung trotzdem nicht in akzeptabler Zeit gelöst werden kann. Aus diesem Grund ist es notwendig, eine Optimierung der Berechnungsdauer bei der Spannungs- und Deformationsberechnung vorzunehmen. Für den großflächigen Mikrokontakt haben insbesondere weiter entfernte Kontaktelemente einen untergeordneten Einfluss auf den Auswertepunkt, sodass der Berechnungsaufwand durch Einschränkung des relevanten Bereichs gezielt optimiert werden kann. Da die Einflusszahlen sowohl bei der Spannungs- als auch Deformationsberechnung punktsymmetrisch sind, bietet sich ein Kreis mit einem Grenzradius zur Definition der Elemente an, die einen wesentlichen Einfluss auf das Berechnungsergebnis haben. Im Folgenden werden die Grenzradien in Abhängigkeit eines zulässigen Fehlers sowohl für die Spannungs- als auch Deformationsberechnung analysiert und Empfehlungen zur Optimierung gegeben.

Im ersten Schritt wird die Deformationsberechnung durch die Wahl eines Grenzradius zur Definition eines rechenzeitoptimierten Auswertebereichs analysiert. In **Bild 7-7 links** werden die Grenzradien für die sechs Einflusszahlen der Deformationsberechnung nach JACQ für einen Grenzfehler von $\varepsilon_{R,def,grenz}$ = 1 % in Abhängigkeit von der Tiefe dargestellt. Zur Berechnung des Fehlers wird der aktuelle Werte der Einflusszahl auf das absolute Maximum der Einflusszahlenkurve bezogen, vgl. Einflusszahlenverläufe in Bild 7-6. Anschließend wird zur Ermittlung des Grenzradius der Radius so lange reduziert, bis der aktuelle Fehler der Einflusszahl den Grenzfehler überschreitet. Auf diese Weise wird auch bei einem Vorzeichenwechsel immer der äußerste Radius bestimmt. Es ist zu erkennen, dass der Grenzradius in Abhängigkeit von der Tiefe nahezu linear steigt, wobei die Einflusszahl $D22$ mit dem charakteristischen Vorzeichenwechsel im Vergleich zu den anderen fünf Einflusszahlen die größten Grenzradien zur Einhaltung des Grenzfehlers erfordert, vgl. Bild 7-7 links. Der lineare Anstieg für den Grenzradius über der Tiefe ist physikalisch zu erwarten, da oberflächennähere Elemente einen kleineren Einflussbereich als Elemente in größere Tiefe haben.

In Bild 7-7 rechts werden die Grenzradien in Abhängigkeit unterschiedlicher Grenzfehler für die Einflusszahl $D22$ aufgetragen. Die Einflusszahl $D22$ wird an dieser Stelle hinzugezogen, weil mit diesem Grenzradius die Grenzradien der anderen Einflusszahlen eingeschlossen werden. Mit steigendem Grenzfehler reduziert sich der Grenzradius für den Auswertebereich entsprechend, wobei die Abhängigkeit über der Tiefe weiterhin nahezu linear ist. Die Berechnungsergebnisse für die Grenzradien bei der Deformationsberechnung $R_{lim,def}$ können in Abhängigkeit eines Grenzfehlers und der Tiefe durch **Formel (7.10)** zusammengefasst werden. Für eine Optimierung des Berechnungsaufwands bei der Deformationsberechnung kann somit der Grenzradius unter Vorgabe eines zulässigen Grenzfehlers und in Abhängigkeit von der Tiefe x effizient bestimmt werden.

$$R_{lim,def}(x) = 0{,}76 \cdot {\varepsilon_{R,def,grenz}}^{-0{,}44} \cdot x \tag{7.10}$$

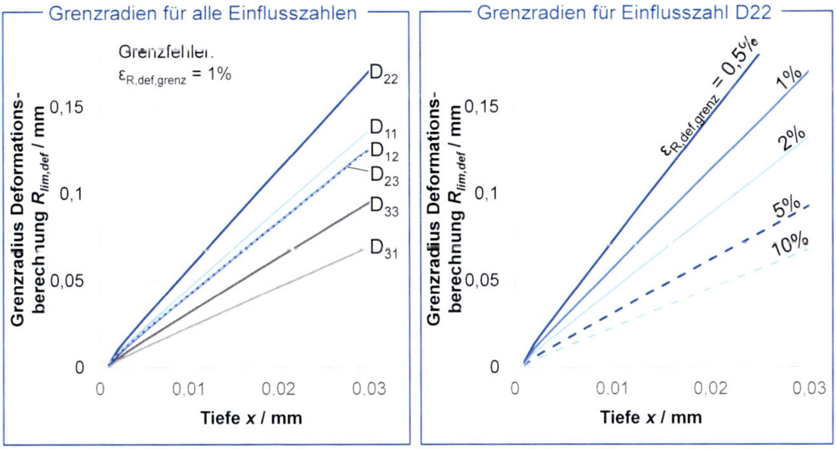

Bild 7-7: Studie zur Optimierung des Grenzradius bei der Deformationsberechnung
Study for Optimization of the Evaluation Radius for Platstic Calculation

Analog zum Vorgehen bei der Deformationsberechnung werden zur Optimierung des Berechnungsaufwands die Einflusszahlen bei der Spannungsberechnung analysiert und hinsichtlich eines zulässigen Grenzfehlers $\varepsilon_{R,sigma,grenz}$ ausgewertet. In Abhängigkeit von der Tiefe und vom Grenzfehler ergeben sich in diesem Fall ebenfalls nahezu lineare Verläufe des Grenzradius, wobei die Einflusszahl der Normalspannungen in axialer und tangentialer Richtung (symmetrisch) im Vergleich zu den weiteren Spannungskomponenten die größten Grenzradien erfordern. Für eine optimierte Spannungsberechnung können die Grenzradien in Abhängigkeit von der Tiefe x und vom einem zulässigen Grenzfehler $\varepsilon_{R,sigma,grenz}$ nach **Formel (7.11)** berechnet werden.

$$R_{lim,sigma}(x) = 1{,}557 \cdot {\varepsilon_{R,sigma,grenz}}^{-0{,}356} \cdot x \tag{7.11}$$

Zusammenfassend kann festgehalten werden, dass die Berechenbarkeit des großflächigen Mikrokontakts bei der Pressungsberechnung durch die Methode kombinierter Lösungen gewährleistet wird. Die Spannungs- und Deformationsberechnung auf Basis der analytischen Formeln nach AIRY bzw. JACQ kann vollständig vorwärts gelöst werden, sodass hier nur eine Begrenzung hinsichtlich des Gesamtrechenaufwands, nicht aber der Berechenbarkeit vorliegt. Durch die Einführung von Grenzradien bei der Spannungs- und Deformationsberechnung kann der Berechnungsaufwand wesentlich reduziert werden. Unter Vorgabe eines definierten Fehlers wird mithilfe der Grenzradien ein Bereich eingeschränkt, in dem die Kreuzeinflüsse benachbarter Elemente berücksichtigt werden.

7.2.4 Auswahl der Vernetzungsparameter für den großflächigen Mikrokontakt

Choice of Meshing Parameters for the Large-scale Micro Contact

Die Herausforderung bei der Auswahl der Vernetzungsparameter liegt zum einen in der Wahl einer ausreichenden Vernetzungsauflösung an der Oberfläche, um eine Konvergenz bei der Spannungs- und Deformationsberechnung zu erreichen. Zum anderen muss eine ausreichend große Gesamtfläche hochaufgelöst berechnet werden können, damit sowohl die Deformationskreuzeinflüsse umliegender Elemente erfasst werden als auch eine normkonforme Rauheitsauswertung ermöglicht wird. In **Bild 7-8** wird ein Überblick über die Vernetzungsparameter gegeben. Für die elastisch-plastisch Mikrokontaktberechnung wird innerhalb der makroskopischen Kontaktfläche ein Vernetzungsbereich (by, bz) mit einer hohen Vernetzungsauflösung (dy, dz) definiert. Die Größe des Vernetzungsbereichs und die Auflösung haben einen entscheidenden Einfluss auf die Ergebnisgüte der elastisch-plastischen Kontaktberechnung. Die Auswertung der Rauheitsparameter erfolgt in der Mitte bei $y = 0$. Zur Erfassung aller Kreuzeinflüsse des makroskopischen Kontakts wird umliegend um den hochaufgelösten Bereich eine grobe Vernetzung gewählt. Die Vernetzungsparameter für den grob vernetzten Bereich (BY, BZ, DY, DZ) werden dabei so festgelegt, dass die makroskopische Kontaktfläche vollständig mit ausreichender Auflösung erfasst wird, vgl. Methode kombinierter Lösung in Kapitel 2.3.1.

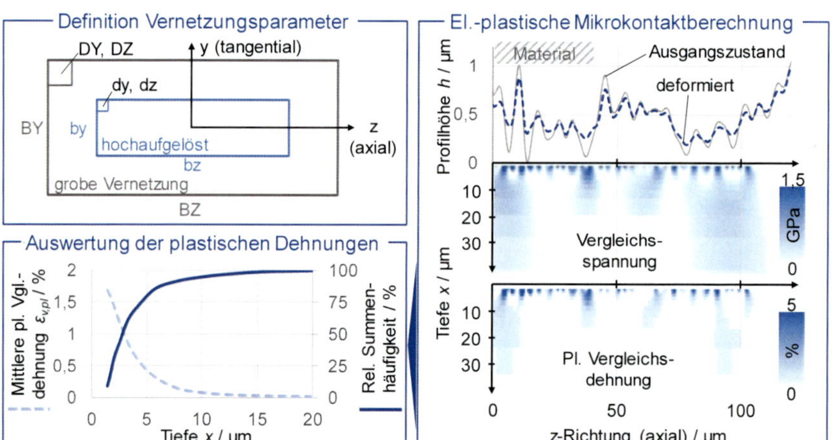

Bild 7-8: Vernetzungsparameter und ein elastisch-plastisches Berechnungsbeispiel
Meshing Parameters and an Elastic-plastic Calculation Example

Zur Abschätzung der maximalen Vernetzungstiefe x_{max} und zur Bestimmung der notwendigen Vernetzungsbreite b_y, die orthogonal zur Richtung der Rauheitsauswertung liegt, wird in Bild 7-8 rechts eine elastisch-plastische Kontaktberechnung für einen gemessen Oberflächenausschnitt durchgeführt. Die Oberfläche wurde im Außenrund-Umfangs-Querschleifprozess mit einem Ra-Wert von Ra = 0,3 µm hergestellt. Zur Abschätzung zur sicheren Seite wurde die Berechnung mit der höchsten Normalkraft aus dem Experiment durchgeführt. Es ist zu erkennen, dass sich unmittelbar unterhalb der Oberfläche Mikrospannungsfelder um die einzelnen Rauheitsspitzen ausbilden. Das Maximum der Vergleichsspannung bildet sich dabei nicht direkt unterhalb der Rauheitsspitze aus, weil zum einen die Geometrie der Rauheitsspitze nicht ideal kugelförmig ist und zum anderen durch die Kreuzeinflüsse benachbarter Kontaktelemente der Hydrostat ansteigt, bzw. der Deviator sinkt. Zudem wachsen in größeren Tiefenlagen die Spannungsfelder einzelner Rauheitsspitzen zusammen, was ebenfalls zu einer plastischen Verformung führen kann. Für das Berechnungsbeispiel werden plastische Verformungen bis in eine Tiefe von $x \approx$ 30 µm berechnet, sodass die maximale Vernetzungstiefe zu x_{max} = 40 µm festgesetzt wird.

Bei der Wahl der Vernetzungsbreite b_y muss beachtet werden, dass die Deformationskreuzeinflüsse der umliegenden Elemente unter Einhaltung eines Grenzfehlers erfasst werden. Dazu werden für den Beispielkontakt die durchschnittlichen Beträge der plastischen Dehnungen über der Tiefe ausgewertet, vgl. Bild 7-8 unten links. Die größten plastischen Dehnungen ergeben sich direkt unterhalb der Oberfläche und fallen mit steigender Tiefe gegen Null. Anhand der relativen Summenhäufigkeit der plastischen Dehnungen ist zu erkennen, dass 90 % aller plastischen Dehnungen in einer Tiefe $x_{90\,\%} \approx$ 7,3 µm eingeschlossen werden. Unter Einhaltung eines zulässigen Grenzfehlers bei der Deformationsberechnung $\varepsilon_{R,def,grenz}$ = 1 % und Formel (7.10) ergibt sich für diese Tiefe ein Grenzradius bei der Deformationsauswertung von $R_{lim,def} \approx$ 40 µm und folglich eine Vernetzungsbreite b_y = 80 µm für den hochaufgelösten Bereich. In diesem Fall werden an der Auswertestelle y = 0 alle Deformationskreuzeinflüsse bis zu einer Tiefe von x = 7 µm mit 1 % Fehler erfasst. Der Fehler für die plastischen Verformungen in größeren Tiefenlagen steigt entsprechend, wobei für die maximale Vernetzungstiefe x_{max} = 40 µm für den Grenzradius $R_{lim,def}$ = 40 µm der Fehler auf $\varepsilon_{R,def,xmax}$ = 38 % ansteigt.

Die Breite des hochaufgelösten Kontaktbereichs in z-Richtung ist abhängig von der Anzahl und der Länge der Einzelmessstrecken zur Auswertung der Rauheitskennwerte. Für eine normkonforme Rauheitsauswertung für Ra >0,1 µm ist eine Grenzwellenlänge λ_c = 0,8 mm vorgeschrieben [ISO98b S.7, ISO98a S.9]. Unter Berücksichtigung des Grenzradius bei der Deformationsauswertung von $R_{lim,def} \approx$ 40 µm, der an den Randbereichen zur Berücksichtigung der Kreuzeinflüsse zusätzlich vernetzt werden muss, beträgt die hochaufgelöste Kontaktbreite b_z zur Auswertung einer Einzelmessstrecke nach der elastisch-plastischen Kontaktberechnung mindestens b_z = 0,88 mm. In Abhängigkeit von den auszuwertenden Einzelmessstrecken steigt die hochaufgelöste Kontaktbreite b_z entsprechend an.

Zur Definition der Auflösung dy, dz im fein vernetzten Kontaktbereich by, bz wird eine Konvergenzstudie für die Spannungs- und Deformationsberechnung durchgeführt. Aufgrund der Abhängigkeit der minimalen Auswertetiefe von der längeren Kantenlänge eines Elements wird die Oberfläche mit quadratischen Elementen vernetzt, vgl. Kapitel 7.2.1. Für die Konvergenzanalyse wird ebenfalls eine Kontaktberechnung für einen Ausschnitt einer rauen Oberfläche durchgeführt. Bei der Spannungsberechnung werden die einzelnen Mikrospannungsfelder ab einer Auflösung von $dy = dz = 0{,}8$ µm ausreichend genau aufgelöst, vgl. **Bild 7-9** links. Zum Vergleich unterschiedlicher Vernetzungsauflösungen werden zudem die Spannungstiefenverläufe für einen Kontaktpunkt im Mikrokontakt ausgewertet. Es ist zu erkennen, dass die Spannungsverläufe konvergieren, wobei für eine Auflösung von $dy = dz = 2{,}0$ µm insbesondere in größerer Tiefe Abweichungen gegenüber einer feineren Auflösung zu erkennen sind.

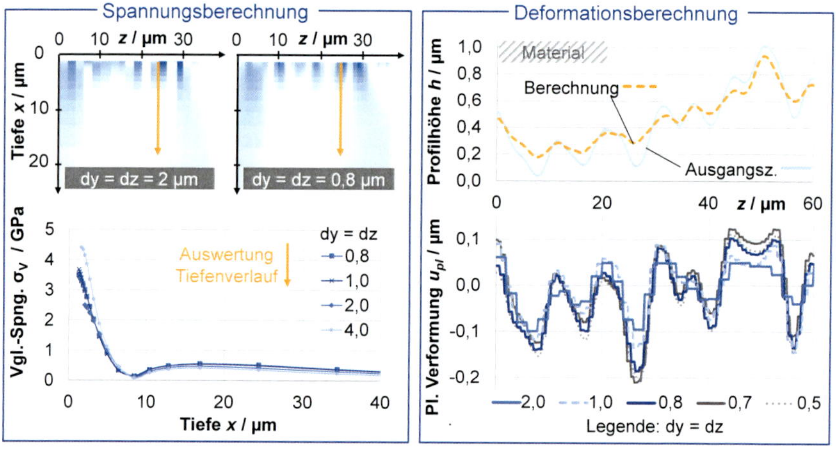

Bild 7-9: Konvergenzanalyse zur Spannungs- und Deformationssberechnung am Beispiel einer geschliffenen Oberfläche mit Ra ≈ 0,2 µm
Convergence Analysis for Calculation of Stresses and Deformation using the Example of a Ground Surface with Ra ≈ 0.2 µm

Nach dem gleichen Vorgehen werden bei der Deformationsberechnung die lokalen Änderungen der Kontaktgeometrie für unterschiedliche Vernetzungsauflösungen ausgewertet, siehe Bild 7-9 rechts. Ein positiver Wert der Deformation bedeutet dabei, dass sich die Oberfläche an dieser Stelle angehoben hat. Die Beträge der Deformation an der Oberfläche konvergieren mit steigender Vernetzungsauflösung. Für eine zu grobe Vernetzung ($dy = dz = 2{,}0$ µm) wird die Deformation tendenziell zu klein berechnet. Ab einer Elementgröße von $dy = dz = 0{,}8$ µm sind die Berechnungsergebnisse für den Beispielkontakt vergleichbar. Auf Basis der Konvergenzanalyse für die Spannungs- und Deformationsberechnung muss der hochaufgelöste Kontaktbereich (by, bz) somit mindestens mit einer Elementgröße von $dy = dz = 0{,}8$ µm vernetzt werden. Aus der Vernetzungsauflösung an der Oberfläche ergibt sich nach Formel (7.9) eine minimale Auswertetiefe von $x_{min} = 1{,}3$ µm.

7.3 Validierung der elastisch-plastischen Kontaktberechnung

Validation of the Elastic-plastic Contact Calculation

Zur Validierung der elastisch-plastischen Mikrokontaktberechnung werden die Untersuchungsergebnisse aus dem Zwei-Scheiben-Versuch in Kapitel 5.2 verwendet. Da der Einfluss des Schmierstoffs durch die in diesem Kapitel beschriebene Berechnungsmethode nicht abgebildet wird, werden zunächst alle fluidfreien Versuche bei reinem Rollen herangezogen. Die Validierung findet durch einen Vergleich der nach dem Experiment gemessenen und auf Basis des Ausgangszustands berechneten Oberflächentopografie statt. Neben dem direkten Abgleich der Primärprofile werden die Materialtraganteilkurven und einzelne Rauheitsparameter verglichen (Kapitel 7.3.2 bis 7.3.4).

Die Vernetzungsparameter für den Mikrokontakt wurden entsprechend den Analysen in Kapitel 7.2.4 gewählt (BY/by = 1,3/0,08 mm, BZ/bz = 4,5/2,5 mm, DY = DZ = 50 µm, dy = dz = 0,8 µm, x_{min} = 1,3 µm, x_{max} = 40 µm). Die Rauheitsparameter wurden anhand von drei Einzelmessstrecken mit der normkonformen Grenzwellenlänge λ_c = 0,8 mm ausgewertet, sodass eine Breite in z-Richtung von bz = 2,5 mm hochaufgelöst vernetzt wird. Die Grenzen für den Kraftfehler und die Grenzfehler bei der Spannungs- und Deformationsberechnung wurden auf $\varepsilon_{FN,grenz} = \varepsilon_{\sigma,grenz} = \varepsilon_{def,grenz}$ 1 % gesetzt. Die plastische Verformung galt als abgeschlossen, wenn die durchschnittliche Spannungsdifferenz zwischen Fließ- und Vergleichsspannung kleiner als $\varepsilon_{\sigma,ist} <$ 100 MPa war, weil sich für diesen zulässigen Fehler der Ra-Wert der deformierten Oberfläche nur noch in der vierten Nachkommastelle änderte.

Als Materialmodell wurde die RAMBERG-OSGOOD-Gleichung verwendet. Zur Optimierung des Berechnungsaufwands wurde die untere Fließgrenze zu $\sigma_{F,min}$ = 600 MPa gesetzt, sodass nicht für jedes Element eine plastische Deformation berechnet werden musste. Für den Betrag der Eigenspannungen wurden die Messwerte für jeden Prüfkörper verwendet. Da die Übertragung des Materialmodells auf die oberflächennahe Randzone eine wesentliche Unsicherheitskomponente bei der Berechnung ist, wird im ersten Schritt für eine Versuchsvariante eine Vorstudie mit der Parametrierung der RAMBERG-OSGOOD-Gleichung aus Kapitel 6.2.4 durchgeführt. In Abhängigkeit von der Übereinstimmung mit dem Experiment wird eine Anpassung der Parametrierung vorgenommen. Anschließend erfolgt die Nachrechnung aller Untersuchungsvarianten für ein gleichbleibendes Materialmodell, da alle Prüfkörper aus der gleichen Material- und Fertigungscharge stammen.

7.3.1 Vorstudie zur Bewertung des Materialmodells

Pre-Study for Evaluation of the Material Model

Vor der Validierung der unterschiedlichen Versuchsvarianten wird das in Kapitel 6.2.4 abgeleitete Materialmodell für die Variante mit niedriger Rauheit und Kraft R↓F↓ angewendet. Die Kontaktbedingungen und Berechnungsparameter werden in **Bild 7-10** zusammengefasst. Die Berechnung erfolgt auf Basis der gemessenen Oberflächentopografie und ist dreidimensional. Für die Auswertung und aufgrund der Darstellbarkeit wird die Deformation zweidimensional im Schnitt A-A entlang der z-Richtung für einen kleinen Ausschnitt dargestellt, vgl. Bild 7-10 oben rechts. Ausgehend vom Ausgangszustand führt die elastisch-plastische Kontaktberechnung zu einer plastischen Verformung der höchsten Rauheitsspitzen, wobei die Rauheitstäler infolge des Materialflusses eine geringfügigere Veränderung aufweisen. Im Vergleich zum Experiment wird die plastische Verformung durch das in Kapitel 6.2.4 abgeleitete Materialmodell unterschätzt, was bereits qualitativ anhand der unterschiedlichen Profilhöhen erkennbar ist. Quantitativ ist der *Ra*-Wert für das berechnete Profil 15 % höher als der experimentelle *Ra*-Wert (Ausgangszustand: Ra = 0,256 µm; Experiment: Ra = 0,213 µm; Berechnung: Ra = 0,246 µm).

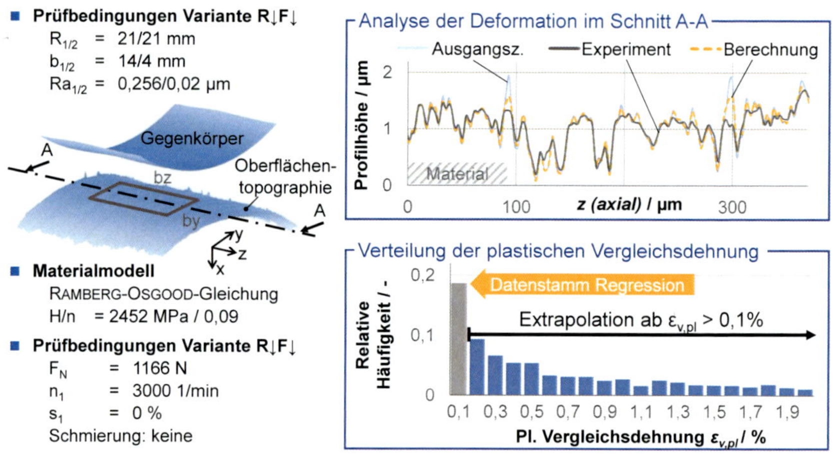

Bild 7-10: Berechnungsergebnis einer Vorstudie mit dem Materialmodell aus Kapitel 6.2.4
Calculation Result of a Pre-Study for the Material Model of Chapter 6.2.4

Die Abweichungen zwischen Berechnung und Experiment für das in Kapitel 6.2.4 abgeleitete Materialmodell können unterschiedliche Gründe haben. Zum einen wurde das Materialmodell an einer anderen Material- und Fertigungscharge abgeleitet, wobei zwischen beiden Chargen nur geringe Unterschiede bei der Randhärte und dem Restaustenitgehalt vorlagen. Zudem können sich die Materialeigenschaften in der obersten Randzone (x = 0-20 µm) aufgrund von Fertigungseinflüssen von den Materialeigenschaften gegenüber denen in der Tiefe, für die im Makrokontakt durch die hohe HERTZ´sche Kontaktpressung plastische Dehnungen hervorgerufen wurden (x = 100-400 µm), unterscheiden. Zum anderen sind die plastischen Vergleichsdehnungen bei der Mikrokontaktberechnung wesentlich größer als für den Makrokontakt, sodass das Materialmodell extrapoliert wird, vgl. Bild 7-10 unten rechts. Der Datenstamm für die Regression des Materialmodells umfasst plastische Vergleichsdehnungen bis maximal $\varepsilon_{v,pl}$ = 0,1 %, sodass das Verfestigungsverhalten der Fließspannung für über 80 % der plastisch verformten Elemente extrapoliert wird. Ein weiterer Grund für die Abweichungen kann eine zu ungenaue Abbildung der Eigenspannungen sein. Aufgrund des hohen Berechnungsaufwands wurden die Eigenspannungen konstant vorgegeben, sodass keine lokalen Veränderungen der Eigenspannung durch die plastische Verformung berücksichtigt wurden. Zudem führten unterschiedliche Versuchspunkte auf einem gleichen Lastniveau zu einer Streuung der berechneten Fließspannung und plastischen Vergleichsdehnung, was zu einer weiteren Unsicherheit bei der Regressionsrechnung führte, vgl. Kapitel 6.2.4.

Um eine höhere Übereinstimmung zwischen Experiment und Berechnung zu erreichen, wird das Materialmodell für die elastisch-plastische Kontaktberechnung anhand der Versuchsvariante R↓F↓ trainiert, siehe **Bild 7-11**. Da der *Ra*-Wert mit dem Materialmodell aus Kapitel 6.2.4 überschätzt wird, muss die Fließgrenze reduziert werden, sodass der Betrag der plastischen Verformungen ansteigt. Die Fließgrenze wird über die Parametrierung des RAMBERG-OSGOOD-Modells verändert. Die Anpassung erfolgt über den Verfestigungsexponenten n, wobei der Festigkeitskoeffizient konstant zu $H = 2452$ MPa gesetzt wird. Prinzipiell wäre ebenfalls eine Anpassung des Festigkeitskoeffizienten bei konstantem Verfestigungsexponenten möglich, jedoch bildet das Materialmodell in diesem Fall ein nahezu ideal-plastisches Verhalten ab.

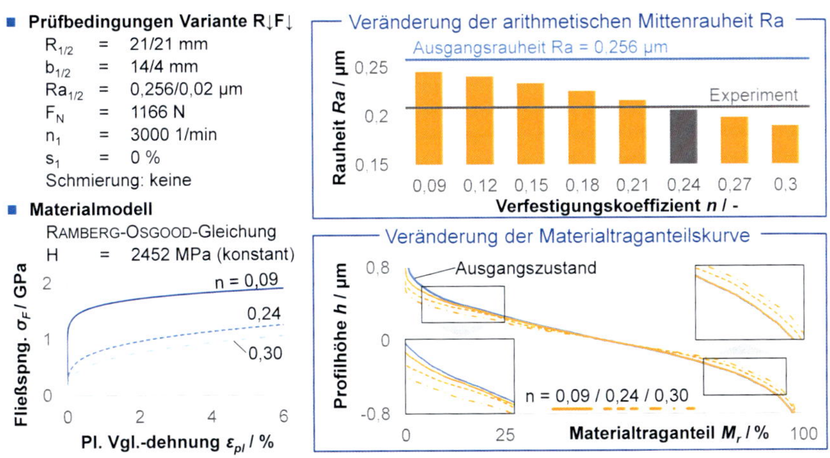

Bild 7-11: Trainieren des Materialmodells für Versuchsvariante R↓F↓
Tuning of Material Modell for Experimental Variant R↓F↓

In Bild 7-11 ist zu erkennen, dass mit steigendem Verfestigungskoeffizienten n der *Ra*-Wert kontinuierlich sinkt. Der *Ra*-Wert aus dem Experiment wird bei der für das Trainieren zugrunde gelegten Variante R↓F↓ ab einem Verfestigungskoeffizienten $n = 0{,}24$ unterschritten. Aus diesem Grund wird für die folgende Validierung aller Versuchsvarianten das Materialmodell nach RAMBERG-OSGOOD mit einer Parametrierung $H = 2452$ MPa und $n = 0{,}24$ verwendet.

Die Veränderung des *Ra*-Werts durch die Anpassung des Verfestigungskoeffizienten n ist ebenfalls bei der Auswertung der Materialtraganteilkurve erkennbar. Mit steigendem Verfestigungskoeffizienten nimmt die Steigung der Materialtraganteilkurve im Zentralbereich ab. Zudem ist zu erkennen, dass für einen Verfestigungskoeffizienten $n = 0{,}09$ nur eine Veränderung der Materialtraganteilkurve im Bereich der Rauheitsspitzen zu erkennen ist. Erst bei den größeren Verfestigungskoeffizienten (z. B. $n = 0{,}24$) liegt ebenfalls eine Veränderung der Rauheitstäler vor, was auf den Materialfluss zurückzuführen ist.

7.3.2 Qualitativer Vergleich der Primärprofile und der plastischen Dehnungen

Qualitative Comparison of Primary Profiles and Plastic Strains

Zur qualitativen Bewertung der geometrischen Oberflächenveränderung wird in diesem Unterkapitel ein direkter Abgleich der Primärprofile im Ausgangszustand, nach dem Experiment und nach der Berechnung durchgeführt. Zudem wird der plastische Dehnungszustand am Ende der elastisch-plastischen Kontaktberechnung analysiert. In **Bild 7-12** werden die Ergebnisse für die Versuchsvariante R↓F↓ mit niedriger Rauheit und Kraft zusammengefasst. Im oberen Bildteil wird ein zweidimensionaler Ausschnitt des Primärprofils mit den Rauheitsspitzen nach unten dargestellt, vgl. Schnitt A-A in Bild 7-10. Durch die Übertragung der Normalkraft im Kontakt bilden sich die aus dem Schleifprozess resultierenden Rauheitsspitzen zu verrundeten Kuppen aus. Zudem ist eine Reduktion der Riefentiefe insbesondere in der Umgebung deformierter Rauheitsspitzen zu erkennen.

- **Prüfbedingungen**
  - Variante R↓F↓
  - $R_{1/2}$ = 21/21 mm
  - $b_{1/2}$ = 14/4 mm
  - F_N = 1166 N
  - p_H = 1000 MPa
  - n_1 = 3000 1/min
  - s_1 = 0 %
  - Schmierung: keine
  - Ra_1 = 0,26 µm
- **Materialmodell**
  - Fließkriterium: $\sigma_{V,Mises}$
  - RAMBERG-OSGOOD-Modell
  - H = 2452 MPa
  - n = 0,24
- **Vernetzungsparameter**
  - by/bz = 0,08 / 2,5 mm
  - dy/dz = 0,8 µm
  - dx = 0,1 ... 10 µm

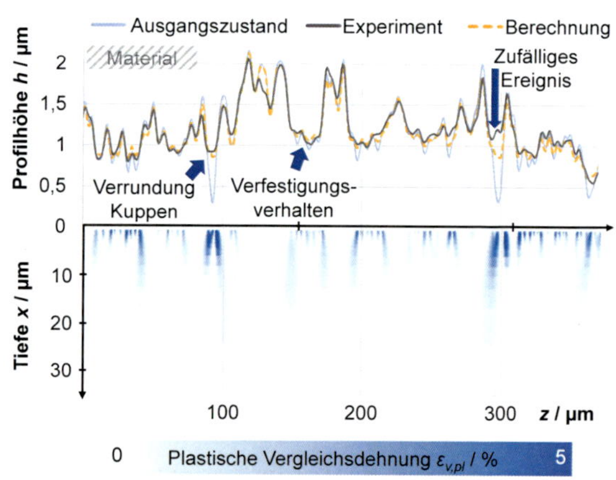

Bild 7-12: Variante R↓F↓: Direkter Abgleich der Primärprofile
Variant R↓F↓: Direct Comparison of Primary Profiles

Die Einglättung der Rauheitsspitzen während der Belastung im Prüfstand wird durch die Berechnung bestätigt. In Abhängigkeit von der Spitzenhöhe und der Verteilung benachbarter Rauheitsspitzen variiert der Grad der Einglättung für die einzelnen Spitzen, was auf die ausgeprägten Kreuzeinflüsse bei Kontakt-, Spannungs- und Deformationsberechnung zurückzuführen ist. Die charakteristische Rauheitsstruktur in z-Richtung bleibt jedoch für das berechnete Primärprofil erhalten. Im Wesentlichen führt die plastische Verformung zu einer Reduktion der Amplituden. Die Verwendung des Materialmodells nach RAMBERG-OSGOOD führt dazu, dass zwei benachbarte Rauheitsspitzen nicht zu einer runden Kuppe zusammenwachsen können, sondern die Rauheitsstruktur aufgrund des Verfestigungsverhaltens erhalten bleibt, vgl. Bild 7-12. Zudem sind in den experimentellen Daten zufällige Ereignisse erkennbar, die aufgrund des deterministischen Berechnungsansatzes nicht abgebildet werden können, wie bspw. die Trennung einer Rauheitsspitze in zwei kleinere Spitzen.

In Bild 7-12 unten wird die plastische Vergleichsdehnung für den berechneten Endzustand dargestellt. Die plastischen Dehnungen sind in einer Tiefenlage von $x \sim$ 0-10 µm am stärksten ausgeprägt. Der Dehnungsbetrag ist an den Rauheitsspitzen mit der stärksten Deformation entsprechend der Erwartung am größten, wobei sich die maximale plastische Dehnung nicht unterhalb der Rauheitsspitze, sondern jeweils rechts und links ausbilden.

Neben der Analyse der Variante R↓F↓ wurden die Varianten R↑F↓ und R↑F↑ für einen direkten Abgleich der Primärprofile ausgewählt, weil die Veränderung bei einer höheren Ausgangsrauheit qualitativ deutlicher zu erkennen ist und der Einfluss der Normalkraft auf die lokale Deformation und den plastischen Dehnungszustand im direkten Vergleich analysiert werden kann, vgl. **Bild 7-13** und **Bild 7-14**. Für beide Varianten (R↑F↓ und R↑F↑) liegt eine Veränderung der Amplituden sowohl im Bereich der Rauheitsspitzen als auch der Rauheitstäler vor. Für die Variante mit niedriger Kraft führt die Beanspruchung zu einer Verrundung einzelner Rauheitsspitzen (Bild 7-13). Demgegenüber wachsen bei der Variante mit hoher Kraft einzelne Rauheitsspitzen vermehrt zusammen, was eine Folge der erhöhten plastischen Verformung und des daraus resultierenden Materialflusses ist (Bild 7-14). Dabei ist zu erkennen, dass die einzelnen Rauheitsspitzen nicht vollständig zu einer glatten Fläche zusammenwachsen, sondern ihr charakteristischer Verlauf erhalten bleibt (Verfestigungsverhalten).

- **Prüfbedingungen**
  Variante R↑F↓
  $R_{1/2}$ = 21/21 mm
  $b_{1/2}$ = 14/4 mm
  F_N = 1166 N
  p_H = 1000 MPa
  n_1 = 3000 1/min
  s_1 = 0 %
  Schmierung: keine
  Ra_1 = 0,30 µm
- **Materialmodell**
  Fließkriterium: $\sigma_{V,Mises}$
  RAMBERG-OSGOOD-Modell
  H = 2452 MPa
  n = 0,24
- **Vernetzungsparameter**
  by/bz = 0,08 / 2,5 mm
  dy/dz = 0,8 µm
  dx = 0,1 ...10 µm

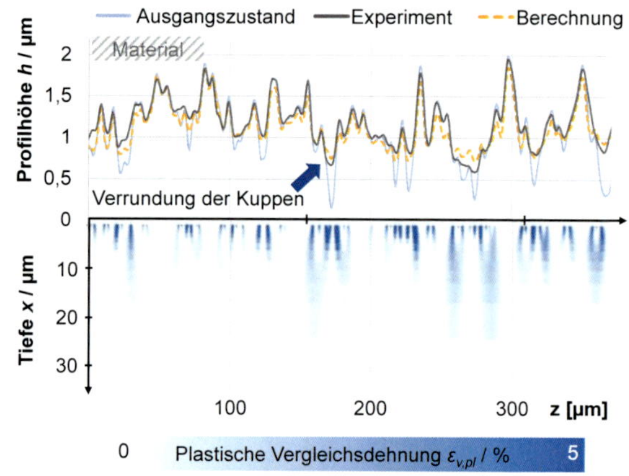

Bild 7-13: Variante R↑F↓: Direkter Abgleich der Primärprofile
Variant R↑F↓: Direct Comparison of Primary Profiles

Der plastische Dehnungszustand ist in der Tiefenlage von $x \approx$ 0-10 µm für die beiden Varianten mit hoher Rauheit vergleichbar mit der Variante R↓F↓. Aufgrund der stärkeren Einglättung sind lediglich die Beträge der plastischen Vergleichsdehnung höher. In größeren Tiefenlagen ($x >$ 10 µm) ist zu erkennen, dass sowohl die höhere Rauheit als auch die höhere Kraft zu einer Vergrößerung des Bereichs mit plastischer Dehnung führen (Bild 7-13, Bild 7-14). Zusammenfassend kann für die Analyse der plastischen Dehnungen festgehalten werden, dass der Betrag der plastischen Dehnung mit steigender Rauheit und steigender Normalkraft zunimmt. Zudem erstreckt sich der Bereich plastischer Dehnungen für die hohe Normalkraft in größere Tiefenlagen, was auf die stärkere Einglättung, das Zusammenwachsen einzelner Rauheitsspitzen und die damit verbunden breiteren Kontaktflächen zurückgeführt werden kann.

- **Prüfbedingungen**
  Variante R↑F↑
  $R_{1/2}$ = 21/21 mm
  $b_{1/2}$ = 14/4 mm
  F_N = 2623 N
  p_H = 1500 MPa
  n_1 = 3000 1/min
  s_1 = 0 %
  Schmierung: keine
  Ra_1 = 0,30 µm
- **Materialmodell**
  Fließkriterium: $\sigma_{V,Mises}$
  RAMBERG-OSGOOD-Modell
  H = 2452 MPa
  n = 0,24
- **Vernetzungsparameter**
  by/bz = 0,08 / 2,5 mm
  dy/dz = 0,8 µm
  dx = 0,1 ...10 µm

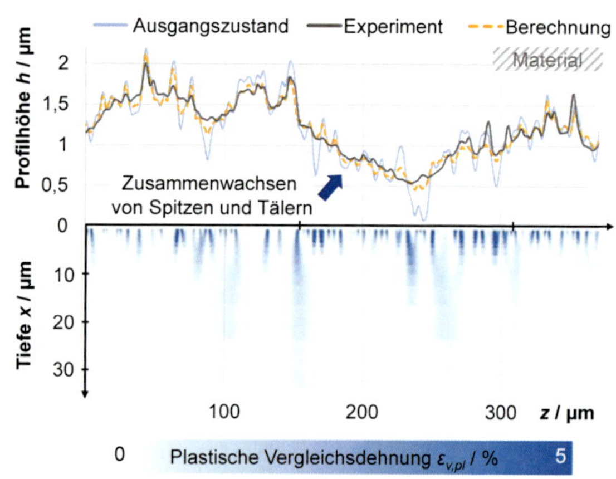

Bild 7-14: Variante R↑F↑: Direkter Abgleich der Primärprofile
Variant R↑F↑: Direct Comparison of Primary Profiles

7.3.3 Analyse der Materialtraganteilkurven

Analysis of ABBOTT-FIRESTONE-Curves

Eine weitere Möglichkeit der qualitativen Bewertung der Oberflächenveränderung ist die Materialtraganteilkurve, die eine wichtige Auswertegröße bei der tribologischen Bewertung von rauen Oberflächen spielt, vgl. **Bild 7-15**. Für den Vergleich der unterschiedlichen Oberflächenzustände werden die Materialtraganteilkurven bei einem Materialtraganteil von Mr = 50 % auf der Profilhöhe h = 0 µm zentriert. Für alle drei Varianten mit niedriger Normalkraft ist die charakteristische Veränderung der Materialtraganteilkurve durch den Einlauf im Bereich der Rauheitsspitzen und -täler zu erkennen (Materialfluss), vgl. Bild 7-15. Die reduzierte Steigung der Materialtraganteilkurven im Zentralbereich nach dem Experiment wird von der Berechnung für alle Varianten bestätigt. Die höhere Einglättung aufgrund der höheren Ausgangsrauheit wird ebenfalls durch die Berechnung bestätigt.

Die Variante *R↑F↓ unterscheidet sich von der Variante R↓F↓ durch einen langwelligen Anteil im Primärprofil, der zu einer höheren Ausgangsrauheit, jedoch gleichzeitig zu einer geringeren Steigung der Materialtraganteilkurve im Zentralbereich führt. Die unterschiedliche Veränderung der Materialtraganteilkurve durch den Einlauf wird für beide Variante durch die Berechnung abgebildet. Während die Profilhöhe sich für die Variante R↓F↓ am stärksten bei einem Materialtraganteil gegen Null verändert, erfasst die Berechnung die höchste Veränderung der Profilhöhe für Variante *R↑F↓ bei einem Materialtraganteil Mr = 5-15 %. Zudem wird die unterschiedliche Steigung im Zentralbereich für beide Varianten vergleichbar zum Experiment berechnet.

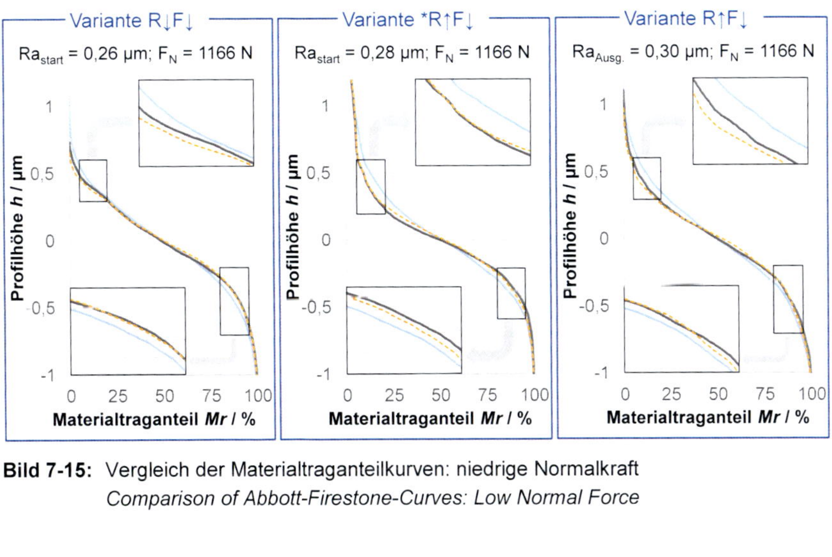

Bild 7-15: Vergleich der Materialtraganteilkurven: niedrige Normalkraft
Comparison of Abbott-Firestone-Curves: Low Normal Force

Neben den Versuchen mit niedriger Normalkraft werden in **Bild 7-16** die Materialtraganteilkurven für die Varianten mit hoher Normalkraft analysiert. Für die hohe Normalkraft bildet die Berechnung die Veränderung der Materialtraganteilkurve im Zentralbereich durch den Einlauf quantitativ ab. Im Bereich hoher und niedriger Materialtraganteile wird der Verlauf der Materialtraganteilkurve qualitativ richtig vorhergesagt, wobei die Einglättung tendenziell unterschätzt wird. Für die Varianten mit niedriger Ausgangsrauheit (Varianten R↓F↓ in Bild 7-15 und R↓F↑ in Bild 7-16) wird die höhere plastische Verformung durch einen Anstieg der Normalkraft im Bereich der Rauheitsspitzen und -täler durch die Berechnung erfasst. Zudem wird durch die Berechnung die Veränderung der beiden Varianten R↑F↑ und *R↑F↑ bestätigt (Bild 7-16 mittig und rechts), die im Ausgangszustand bei ähnlichem *Ra*-Wert eine unterschiedliche Steigung der Materialtraganteilkurve aufwiesen, vgl. Bild 5-4.

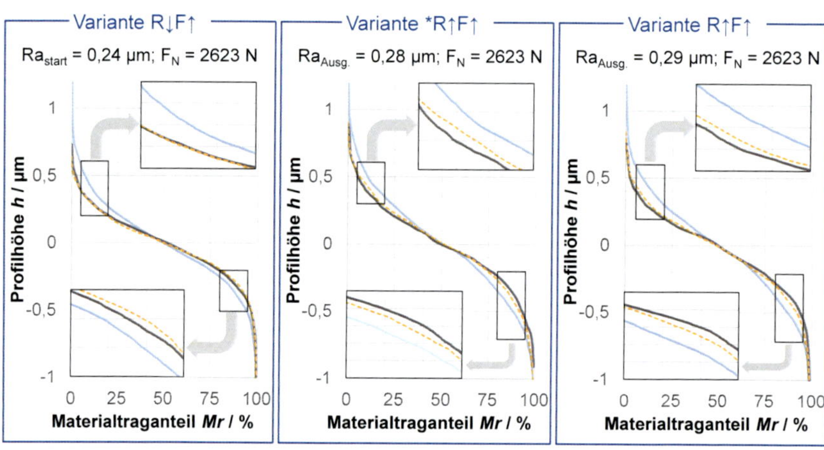

Bild 7-16: Vergleich der Materialtraganteilkurven: hohe Normalkraft
Comparison of Abbott-Firestone-Curves: High Normal Force

7.3.4 Quantitativer Vergleich auf Basis normkonformer Rauheitskennwerte

Quantitative Comparison based on norm-conformal Roughness Parameters

Neben der qualitativen Bewertung der Oberflächenveränderung anhand der Primärprofile und Materialtraganteilkurven wird eine quantitative Auswertung auf Basis von 2D-Rauheitskennwerten durchgeführt, vgl. **Bild 7-17** und **Bild 7-18**. Aufgrund der großflächigen Mikrokontaktberechnung kann die Filterung des Primärprofils mit der normkonformen Grenzwellenlänge λ_c = 0,8 mm erfolgen. Insgesamt werden drei Einzelmesstrecken innerhalb der Kontaktbereite b = 4 mm ausgewertet. Die Streubalken geben das Maximum bzw. Minimum über vier Profilmessungen der gesamten Oberflächentopografie um den zentralen Kontaktpunkt bei der Berechnung (y = 0) an. Zum Vergleich werden die Beträge der Rauheitskennwerte für den Ausgangszustand, nach dem Experiment und nach der Berechnung gegenübergestellt. Die Prozentzahlen oberhalb der Balken geben die Abweichung zwischen Experiment und Berechnung an, wobei als Bezugswert der Rauheitskennwert nach dem Experiment verwendet wurde.

Im ersten Schritt werden die in vielen Bereichen auslegungsrelevanten Rauheitsparameter *Ra* und *Rz* analysiert, siehe Bild 7-17. Für alle sechs Varianten wird die Veränderung des *Ra*-Werts durch das Experiment von der elastisch-plastischen Kontaktberechnung bestätigt. Da das Materialmodell anhand der Variante R↓F↓ für den *Ra*-Wert trainiert wurde, sind die Abweichungen für diese Varianten entsprechend am geringsten. Die Abweichungen zwischen Experiment und Berechnung liegen bis auf die Varianten mit hoher Rauheit und Normalkraft unterhalb von 10 %. Neben dem Einfluss der Oberflächenrauheit wird der Einfluss der Kraft in Form einer höheren Einglättung durch die Berechnung erfasst (Varianten R↓F↓ und R↓F↑). Für die Varianten mit hoher Rauheit und hoher Kraft (R↑F↑ und *R↑F↑) ist die Abweichung zwischen Experiment und Berechnung für die zwei Rauheitskennwerte *Ra* und *Rz* am höchsten (10-28 %) und bietet das größte Optimierungspotenzial.

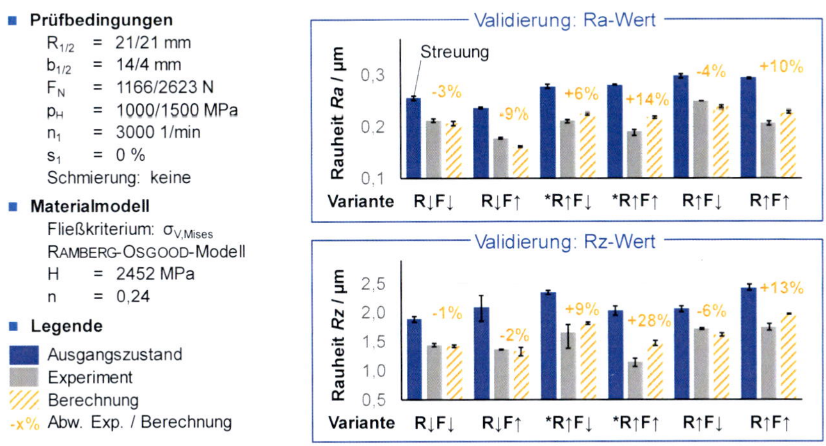

Bild 7-17: Validierung anhand einzelner Rauheitsparameter: Ra- und Rz-Wert
Validierung based on Certain Roughness Parameters: Ra- and Rz-Value

Neben dem *Ra*- und *Rz*-Wert existieren weitere wichtige Rauheitskennwerte für die Auslegung und Bewertung von tribologischen Systemen. Die Auswertung des *Rq*- und *Rt*-Werts hat aufgrund ihrer Verwandtschaft zum *Ra*- bzw. *Rz*-Wert ähnliche Abweichungen zwischen Experiment und Berechnung ergeben, sodass an dieser Stelle auf die grafische Darstellung verzichtet und in Bild 7-18 die tribologisch wichtige Kenngröße der Kernrauheit *Rk* ausgewertet wird. Die Veränderung der Kernrauheit bei unterschiedlichen Beträgen im Ausgangszustand und unterschiedlichen Normalkräften wird von der Berechnung abgebildet, was insbesondere auf die Verwendung der gemessenen Oberflächentopografie ohne Anwendung von Filtern zurückzuführen ist. Die Abweichung zwischen Experiment und Berechnung liegt dabei für die sechs Varianten zwischen -13 % und 10 %. Zudem wird zur Bewertung der Materialverteilung infolge der plastischen Verformung die Schiefe Rsk ausgewertet. Die Schiefe des Rauheitsprofils wird über den Quotienten aus der gemittelten dritten Potenz der Ordinatenwerte und der dritten Potenz von Rq innerhalb einer Einzelmessstrecke berechnet [ISO10 S.15]. Der Parameter ist ein Maß für die Asymmetrie der Ordinatenwerte, wobei ein negativer Wert der Schiefe auf stärker ausgeprägte Rauheitstäler im Vergleich zu den Rauheitsspitzen hindeutet. Im Vergleich zum Experiment wird die Veränderung der Schiefe in Richtung kleinerer Werte durch die Berechnung abgebildet. Eine quantitative Aussage kann durch die Berechnung jedoch nicht getroffen werden, sodass trotz der guten Übereinstimmung bei den einzelnen Materialtraganteilkurven ein Optimierungspotenzial bei der Berechnung des lokalen Materialflusses verbleibt. Zusammenfassend kann für den Vergleich der Rauheitskennwerte festgehalten werden, dass im Rahmen der Messunsicherheit und der Überlagerung statistischer Effekte während des Experiments eine gute Vorhersage durch den entwickelten Berechnungsansatz für die elastisch-plastische Mikrokontaktberechnung möglich ist.

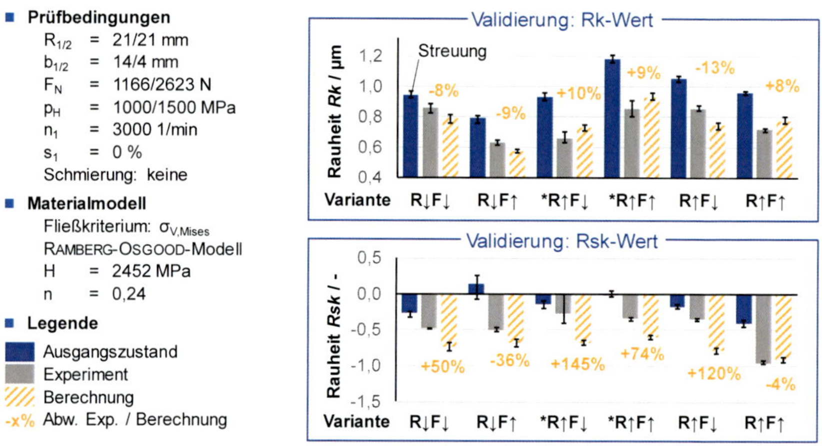

Bild 7-18: Validierung anhand einzelner Rauheitsparameter: Rk- und Rsk-Wert
Validation based on Certain Roughness Parameters: Rk- and Rsk-Value

7.4 Zwischenfazit

Interim Conclusions

Die entwickelte Methode ermöglicht die elastisch-plastische Kontaktberechnung über eine große Kontaktfläche auf Mikroebene für den fluidfreien Kontakt bei reinem Rollen. Aufgrund der Verwendung der gemessenen Oberflächentopografie ohne eine Filterung langwelliger Anteile kann der Ansatz flexibel auf weitere Oberflächenstrukturen und Maschinenelemente übertragen werden. Der Berechnungsalgorithmus wurde auf unterschiedlichen Ebenen verifiziert, wobei insbesondere durch Fehlerbetrachtungen und Konvergenzanalysen die Größe des Vernetzungsbereichs und die notwendige Vernetzungsauflösung abgeleitet wurden. Aufgrund der großflächigen Mikrokontaktberechnung erfolgt die Validierung sowohl durch einen direkten Vergleich der Primärprofile als auch durch die Auswertung der Materialtraganteilkurve und normkonformer Rauheitsparameter. Die Berechnungsmethode bildet die geometrische Oberflächenveränderung nach dem Einlauf für unterschiedliche Ausgangsrauheiten und Normalkräfte unter fluidfreien Kontaktbedingungen ohne Schlupf ab. Somit kann Forschungsthese 3 positiv beantwortet werden.

Die Kontaktberechnung und Validierung erfolgte anhand eines rauen Prüfkörpers und eines annähernd glatten Gegenkörpers bei reinem Rollen, sodass die Übertragung der Berechnungsmethode hinsichtlich der Interaktion zweier rauer Oberflächen unter Gleiten zukünftig tiefergehend untersucht werden muss. Hierbei ist in einem ersten Schritt die Erweiterung der Spannungsberechnung um die Tangentialbeanspruchung (Reibung) notwendig. Zudem werden die Tangentialbewegung bzw. unterschiedliche Walzstellungen nicht berücksichtigt, was insbesondere bei der Deformationsberechnung zu einer Abweichung führen kann, weil die maximale Kontaktpressung (makroskopisch) nur in der Mitte erreicht wird und damit die Deformation in den Randbereichen der Kontaktfläche tendenziell unterschätzt wird.

Eine wesentliche Unsicherheit bei der Berechnungsmethode ist die Berücksichtigung des lokalen Eigenspannungszustands. Auf der einen Seite werden die Eigenspannungen bei der Spannungsberechnung im Ausgangszustand als konstanter Betrag superponiert, jedoch ist eine lokale Bestimmung der Eigenspannung an jedem Mikrokontakt nicht möglich, weil bei der Eigenspannungsmessung sowohl durch die Größe der Blende als auch durch den Abfall der Intensität in die Tiefe eine Mittelung des Messwerts unumgänglich ist. Auf der anderen Seite wird der Eigenspannungszustand aufgrund des hohen Berechnungsaufwands bei der Berechnung der plastischen Verformung nicht iterativ gelöst, sodass der Eigenspannungszustand am Ende der Berechnung nicht mit dem Eigenspannungszustand am Ende des Experiments übereinstimmt.

Des Weiteren erfolgt die Kontakt- bzw. Pressungsberechnung auf Basis des elastischen Halbraums nach BOUSSINESQ/LOVE/HARTNETT ohne die Berücksichtigung des Schmierstoffdrucks. Aus diesem Grund wurde die Validierung der elastisch-plastischen Kontaktberechnung an diesem Punkt ausschließlich für den fluidfreien Kontakt durchgeführt. Zur flexiblen Übertragung auf anwendungsnahe, geschmierte Wälzkontakte ist die Berücksichtigung des Schmierstoffdrucks zwingend erforderlich, sodass im nächsten Kapitel die elastisch-plastische Kontaktberechnung um ein Modell für den Schmierstoffdruck im elastischen Halbraum nach BOUSSINESQ/LOVE/HARTNETT erweitert wird.

8 Modell für den Schmierstoffdruck im elastischen Halbraum

Lubricant Pressure Model for Contact Calculation using the Elastic Half-Space

Der Kontakt zweier Zahnflanken ist in vielen Anwendungen ein geschmiertes tribologisches System, welches im Mischreibungsgebiet betrieben wird [CZIC10 S.778ff., SCHL10 S.28ff.]. Eine genaue Berechnung von Mischreibungszuständen erfordert die Kenntnis der Kontaktbedingungen unter Last, wie bspw. der durchschnittlichen Schmiertaschenhöhe oder der Festkörper- und Flüssigkeitstraganteile. Daher stellt bei der Vorhersage der geometrischen Oberflächenveränderung die Modellierung des Schmierstoffs und die Kenntnis des Flüssigkeitstraganteils eine zentrale Herausforderung dar. Die entwickelte Methode im vorherigen Kapitel ermöglicht die großflächige, elastisch-plastische Kontaktberechnung von rauen Wälzkontakten auf Basis des elastischen Halbraums nach BOUSSINESQ, LOVE und HARTNETT. Bei der Lösung dieses Kontaktproblems bleibt der Schmierstoffdruck aufgrund der Adhäsionsbedingung derzeit unberücksichtigt. Aufgrund von Verformungskreuzeinflüssen führt der Schmierstoffdruck in den Bereichen ohne Festkörperkontakt jedoch zum einen zu einer Aufweitung der Rauheitstaschen und zum anderen zu einer Aufnahme der Normalkraft, sodass der Festkorpertraganteil und die durchschnittliche Tiefe der Rauheitstaschen beeinflusst werden. Aus diesem Grund wird in diesem Hauptkapitel der Forschungsfrage nachgegangen, ob der Einfluss des Schmiermediums für großflächige Mikrokontakte numerisch im elastischen Halbraum auch ohne die direkte Lösung der NAVIER-STOKES-Gleichungen modelliert werden kann. Die direkte Lösung der NAVIER-STOKES-Gleichungen wird nicht verfolgt, weil die Anwendung aufgrund der begrenzten Rechenleistung auf kleine Kontaktflächen beschränkt ist [SOLO07 S.64 ff., SCHO08 S.42 ff.].

8.1 Konzeptionierung des Modells für den Schmierstoffdruck

Conception of the Lubricant Pressure Model

Der elastische Halbraum bietet eine effiziente Möglichkeit zur Lösung des Kontaktproblems zweier Körper mit beliebiger Geometrie und eignet sich für die Vorhersage der geometrischen Oberflächenveränderung im fluidfreien Kontakt, vgl. Kapitel 7. Bei der Berechnung von Mischreibungszuständen auf Basis der EHD-Theorie wird die Kontaktberechnung im elastischen Halbraum als Hilfsmodell für eine indirekte Kopplung der Makro- und Mikroebene verwendet. Aus dem Berechnungsergebnis mit gemessenen Oberflächentopografien wird dabei ein Kennfeld abgeleitet, vgl. **Bild 8-1** und [MEVI19 S.352 ff.]. Die sogenannte Festkörperkontaktdruckkurve stellt einen Zusammenhang zwischen dem durchschnittlichen Festkörperkontaktdruck und der mittleren Schmiertaschenhöhe her, die nach **Formel (8.1) und (8.2)** berechnet werden. Auf Makroebene wird die Kennfeldlösung anschließend bei der Berechnung der äußeren Kraft berücksichtigt, indem die Normalkraft an den Festkörperkontakten in Abhängigkeit von der durchschnittlichen Schmierfilmhöhe und die über den Schmierfilm übertragene Normalkraft addiert werden. [BART10 S.59ff.]

$$h_{mittel} = \frac{1}{M} \cdot \sum_{i=1}^{M} g_i \tag{8.1}$$

$$\bar{p}_{solid} = \frac{1}{M} \cdot \sum_{i=1}^{M} p_i \qquad \forall\ g_i = 0 \tag{8.2}$$

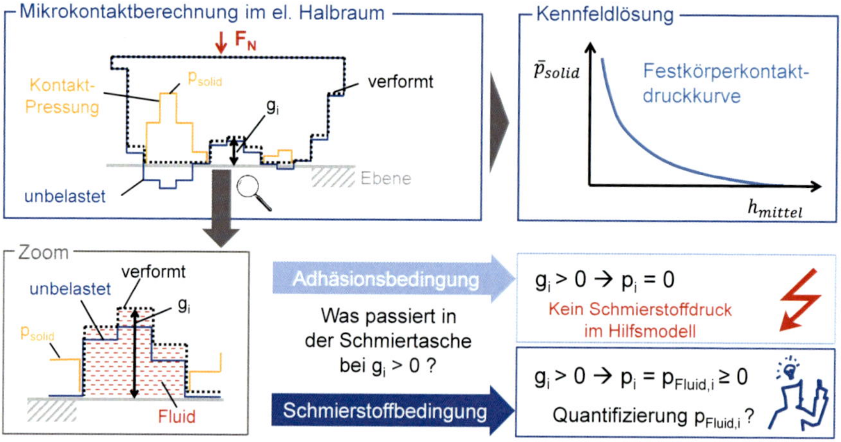

Bild 8-1: Defizit bei der Berücksichtigung des Schmierstoffdrucks im elastischen Halbraum
Deficit in Considering of Lubricant Pressure in Elastic Half-Space

Bei der iterativen Lösung der Gleichungen für die Kontaktberechnung im elastischen Halbraum werden die Festkörperkontakt- und Adhäsionsbedingung als Randbedingungen vorgegeben, **Formel (8.3) und (8.4)**. Innerhalb der Bereiche ohne Festkörperkontakt wird der Schmierstoffdruck nicht berücksichtigt, weil durch die Adhäsionsrandbedingung der Druck im Bereich einer Schmiertasche zu Null gesetzt wird (**Bild 8-1**). Für den geschmierten Wälzkontakt im Mischreibungsgebiet bildet die Adhäsionsrandbedingung die Kontaktbedingungen aus physikalischer Sicht unzureichend ab, weil sich im Bereich ohne Festkörperkontakt ein Schmierstoffdruck aufbauen kann. Es ist zu erwarten, dass der Schmierstoffdruck durch die resultierenden Verformungskreuzeinflüsse zu einer Veränderung des Berechnungsergebnisses und damit auch zu einer veränderten Festkörperkontaktdruckkurve führt.

Aus diesem Grund wird die bisherige Adhäsionsrandbedingung durch eine Schmierstoffrandbedingung ersetzt, **Formel (8.5)**. Bei der Schmierstoffrandbedingung wird der Druck in den Bereichen ohne Festkörperkontakt nicht gleich Null, sondern auf den Betrag des Schmierstoffdrucks gesetzt. Da durch den Schmierstoffdruck Verformungskreuzeinflüsse auf die umliegenden Elemente wirken, verändert sich die rechte Seite des Gleichungssystems für alle Elemente, Formel (2.10). Das einfache Löschen der Zeilen und Spalten, wie es bei der Adhäsionsrandbedingung aufgrund der Vorgabe eines Kontaktdrucks von Null durchgeführt wird, ist daher nicht mehr möglich. Zur Umsetzung der Schmierstoffbedingung wird in Kapitel 8.1.1 zunächst ein Lösungsalgorithmus für das Kontaktproblem im elastischen Halbraum unter Berücksichtigung eines lokalen Schmierstoffdrucks vorgestellt und in Kapitel 8.1.2 ein methodischer Ansatz zur Berechnung von Mischreibungszuständen auf Mikroebene entwickelt.

$$g_i = 0 \;\Rightarrow\; p_i > 0 \qquad \textit{Festkörperkontaktbedingung} \qquad (8.3)$$

$$g_i > 0 \;\Rightarrow\; p_i = 0 \qquad \textit{Adhäsionsbedingung} \qquad (8.4)$$

$$g_i > 0 \;\Rightarrow\; p_i = p_{Fluid,i} \qquad \textit{Schmierstoffbedingung} \qquad (8.5)$$

8.1.1 Lösungsalgorithmus zur Berücksichtigung des Schmierstoffdrucks im elastischen Halbraum

Solving Algorithm considering Lubricant Pressure in Elastic Half Space Theory

Aufbauend auf den theoretischen Überlegungen und der eingeführten Schmierstoffbedingung wird in diesem Unterkapitel ein Lösungsalgorithmus für das Kontaktproblem rauer Oberflächen entwickelt, mit dem der Schmierstoffdruck bereits bei der Lösung des linearen Gleichungssystems des elastischen Halbraums berücksichtigt werden kann. Der Lösungsalgorithmus zur Berücksichtigung der Schmierstoffrandbedingung ist in vier Schritte unterteilt, vgl. **Bild 8-2**. Im ersten Schritt wird das lineare Gleichungssystem gelöst. Der Lösungsvektor der Kontaktpressung *p* kann sowohl positive als auch negative Einträge enthalten, die im zweiten Schritt der Größe nach sortiert werden. Ein negativer Kontaktdruck liegt vor, wenn das Element für die Kontaktfindung zusammengezogen werden muss. Das ist genau bei den Rauheitstälern der Fall, die gegenüber den Rauheitsspitzen zurückliegen und trotz der elastischen Abplattung nicht in Kontakt treten. Abschließend wird in diesem Schritt die Schmierstoffrandbedingung angewendet, bei der ein negativer Kontaktdruck gleich dem Schmierstoffdruck gesetzt wird.

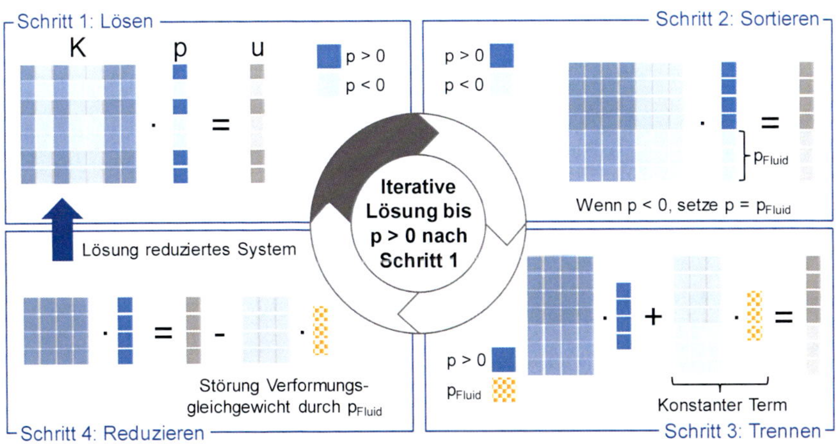

Bild 8-2: Schmierstoffrandbedingung: Lösung des linearen Gleichungssystems
Lubricant Boundary Condition: Solving of Linear System of Equations

Im dritten Schritt wird das lineare Gleichungssystem am Übergang von positivem zu negativem Kontaktdruck in einen variablen und einen konstanten Term getrennt, siehe Bild 8-2. Der konstante Term ändert sich bei der weiteren elastischen Kontaktberechnung nicht mehr, weil der durchschnittliche Schmierstoffdruck in den Rauheitstälern als konstant vorgegeben wird. Im letzten Schritt wird das Gleichungssystem reduziert und der konstante Term auf der linken Seite vom Vektor auf der rechten Seite subtrahiert. Genau an dieser Stelle werden durch die Subtraktion die Verformungskreuzeinflüsse durch den Schmierstoffdruck bei der Lösung des linearen Gleichungssystems berücksichtigt. Die Lösungsschritte werden so lange wiederholt, bis keine negativen Kontaktdrücke mehr nach dem ersten Iterationsschritt auftreten.

Es ist zu beachten, dass durch die Vorgabe eines Schmierstoffdrucks in den Rauheitstälern die umliegenden Elemente im Festkörperkontakt durch die Verformungskreuzeinflüsse entlastet werden. In der nächsten Iteration können daher einzelne Elemente höchstens den Festkörperkontakt verlassen, aber niemals neue Elemente in Kontakt treten. Aus diesem Grund kann sichergestellt werden, dass keine Elemente mit Schmierstoffdruck belastet werden, die im Festkörperkontakt stehen sollten.

Mit dem vorgestellten Lösungsalgorithmus wird die Möglichkeit geschaffen, den Einfluss des Schmierstoffdrucks bei der Kontaktberechnung im elastischen Halbraum zu berücksichtigen. Dabei bleibt im Folgenden die zentrale Frage zu klären, welcher Betrag für den Schmierstoffdruck in den Rauheitstälern in Abhängigkeit vom Reibungszustand angesetzt werden muss.

8.1.2 Methodischer Ansatz zur Berechnung von Mischreibungszuständen

Method for Calculating of Mixed Lubrication Conditions

Der Ansatz zur Berechnung von Mischreibungszuständen verbindet die Mikrokontaktberechnung auf Basis des elastischen Halbraums mit dem Wissen aus den Kontaktberechnungen der EHD-Theorie mit ideal glatten Oberflächen. Im Gegensatz zum etablierten Vorgehen in der Literatur wird die Kontaktberechnung im elastischen Halbraum als Hauptmodell verwendet, welches auf die Ergebnisse der EHD-Kontaktberechnung zurückgreift (Hilfsmodell) [BART10 S.67, SAUE18 S.32ff.]. Der Grundgedanke des Berechnungsansatzes besteht darin, dass durch die Hydrodynamik des Schmierspalts ein gewisses Schmierstoffvolumen in den Schmierspalt gefördert wird und sich entsprechend in der unter Last verformten Kontaktgeometrie gleichmäßig verteilt. Für den ideal glatten Kontakt ergibt sich nach der EHD-Theorie entsprechend eine durchschnittliche Schmierfilmhöhe im Zentralbereich des Kontakts. Beim Kontakt rauer Oberflächen im Mischreibungsgebiet hingegen wird die Normalkraft sowohl über Festkörperkontakte als auch über den Schmierstoffdruck in den Rauheitstälern übertragen, sodass das geförderte Schmierstoffvolumen die unter Last verformten Rauheitstäler auffüllt.

Auf Basis dieses Grundgedankens kann für die Mikrokontaktberechnung im elastischen Halbraum eine weitere Randbedingung bei der iterativen Lösungsfindung definiert werden, die das Gleichgewicht zwischen hydrodynamisch gefördertem Schmierstoffvolumen und dem Taschenvolumen der Rauheitstäler unter Last berücksichtigt, vgl. **Bild 8-3** Mitte. Die Randbedingung des Schmierstoffvolumengleichgewichts ist die Verbindung zwischen den Berechnungsergebnissen der EHD-Theorie auf Makroebene und der Mikrokontaktberechnung im elastischen Halbraum. Bei der iterativen Lösungsfindung wird die Erfüllung dieser neuen Gleichgewichtsbedingung durch den gewonnenen Freiheitsgrad bei der Vorgabe des Schmierstoffdrucks im Bereich der Rauheitstäler ermöglicht, vgl. Ausgangspunkt Kapitel 8.1.1.

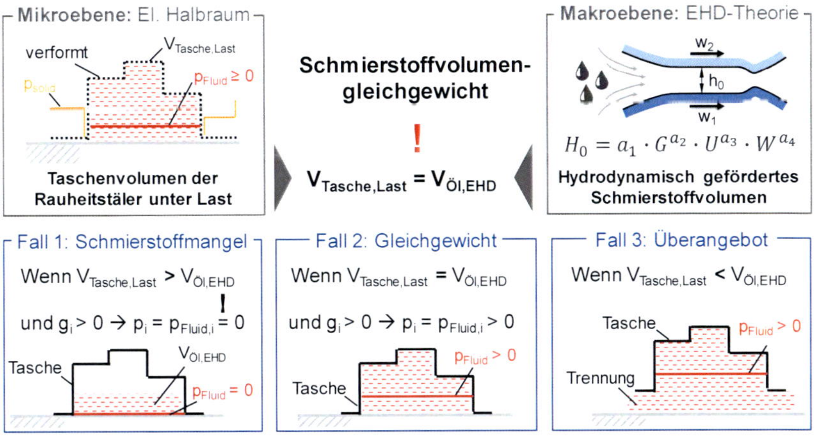

Bild 8-3: Schmierstoffvolumengleichgewicht zur Kopplung der Mikro- und Makroebene
Equilibrium of Lubricant Volume for Coupling of Micro and Macro Level

Für das Schmierstoffvolumengleichgewicht ergeben sich drei unterschiedliche Fälle (Bild 8-3). Im ersten Fall ist das Taschenvolumen der Rauheitstäler größer als das geförderte Schmierstoffvolumen, sodass ein Schmierstoffmangel herrscht und sich kein Schmierstoffdruck aufbauen kann. Bei einer Erhöhung des geförderten Schmierstoffvolumens werden ab einer bestimmten Menge die verformten Rauheitstäler vollständig gefüllt, sodass sich bei einer weiteren Steigerung ein Schmierstoffdruck aufbauen wird. Der Schmierstoffdruck führt zu einer Vergrößerung des Taschenvolumens der Rauheitstäler und steigt so lange an, bis das Schmierstoffvolumengleichgewicht erfüllt wird (Fall 2). Für die Berechnung von Mischreibungszuständen spielt der zweite Fall die entscheidende Rolle. Im dritten Fall übersteigt das geförderte Schmierstoffvolumen das Taschenvolumen der Rauheitstäler unter Last, sodass eine vollständige Oberflächentrennung vorliegt, keine Festkörperkontaktpunkte mehr auftreten und der Reibungszustand zu reiner Flüssigkeitsreibung wechselt.

In **Bild 8-4** ist das Flussdiagramm zur Lösung der Gleichungen des elastischen Halbraums unter Berücksichtigung des Schmierstoffvolumengleichgewichts dargestellt. Zu Beginn der Berechnung wird das hydrodynamisch geförderte Schmierstoffvolumen mittels der Regressionsgleichungen für die Schmierfilmhöhe im EHD-Kontakt, bspw. nach HAMROCK/DOWSON berechnet [HAMR04 S.482]. Zudem werden die Startwerte für die Annäherungen u_{glatt} und $u_{f=1}$ sowie den Schmierstofffaktor f definiert. Anschließend beginnt die iterative Lösungsfindung des Kontaktproblems.

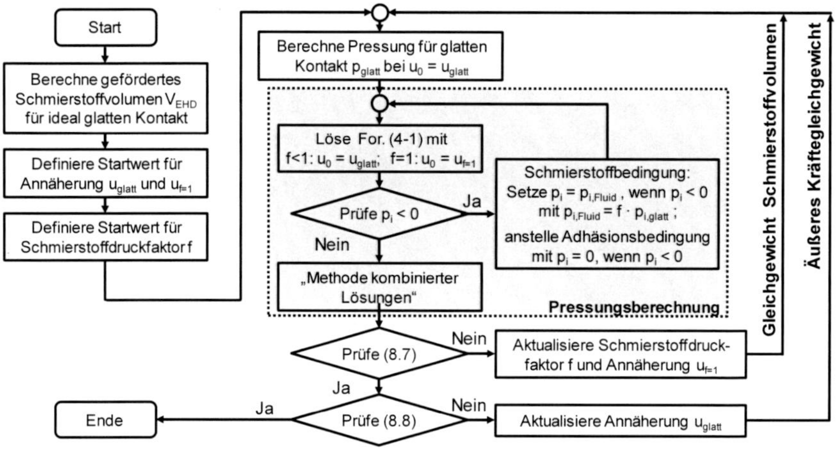

Bild 8-4: Flussdiagramm: Lösung des Kontaktproblems des elastischen Halbraums unter Berücksichtigung des Schmierstoffvolumengleichgewichts
Flow Chart: Solving the Contact Problem of Elastic Half-Space Considering the Equilibrium of Lubricant Volume

Im ersten Schritt wird die Pressungsverteilung für den glatten, trockenen Kontakt bei der Annäherung u_{glatt} berechnet, die zusammen mit dem Schmierstoffdruckfaktor zur Berechnung des lokalen Schmierstoffdrucks $p_{Fluid,i}$ verwendet wird, **Formel (8.6)**. An dieser Stelle wird die Annahme getroffen, dass die lokale Pressungsverteilung des EHD-Kontakts durch die Pressungsverteilung im glatten, trockenen Kontakt angenähert werden kann. Für hochbelastete Wälzkontakte verliert die Druckspitze im EHD-Kontakt im Vergleich zur maximalen Pressung im Zentralbereich an Bedeutung, sodass die Pressungsverteilungen für den trockenen und geschmierten Makrokontakt eine hohe Übereinstimmung zeigen [LÖPE15 S.88].

Im nächsten Schritt erfolgt die Pressungsberechnung unter Berücksichtigung der Schmierstoffbedingung für die Kontaktberechnung im elastischen Halbraum. Zur vollständigen Mikrokontaktberechnung der makroskopischen Kontaktfläche wird die „Methode kombinierter Lösungen" integriert [BREC16a S.3 ff.]. Aus dem Ergebnis der Pressungsberechnung werden sowohl die Normalkraft für den gesamten Kontakt als auch das durchschnittliche Taschenvolumen im elastisch verformten Zustand berechnet und jeweils der aktuelle Fehler zum Sollwert bestimmt, **Formel (8.7)** und **(8.8)**.

$$p_{Fluid,i} = f \cdot p_{glatt,i}\left(u_0 = u_{glatt}\right) \tag{8.6}$$

$$\varepsilon_{Tasche,ist} < \varepsilon_{Tasche,grenz} \qquad mit \qquad \varepsilon_{Tasche,ist} = \frac{V_{Tasche,ist} - V_{EHD}}{V_{Tasche,ist}} \tag{8.7}$$

$$\varepsilon_{FN,ist} < \varepsilon_{FN,grenz} \qquad mit \qquad \varepsilon_{FN;ist} = \frac{F_{N,ist} - F_{N,soll}}{F_{N,ist}} \tag{8.8}$$

Im letzten Schritt der Iteration wird geprüft, ob die Fehlergrenzen für das äußere Kräftegleichgewicht und das Schmierstoffvolumengleichgewicht eingehalten werden. Zur Erfüllung des Schmierstoffvolumengleichgewichts wird der Schmierstoffdruckfaktor f und die Annäherung u_0 in der Mikrokontaktberechnung iterativ angepasst. Für den Betrag des Schmierstoffdruckfaktors f wird angenommen, dass der Wert 1 nicht überstiegen werden kann, sodass der lokale Schmierstoffdruck nicht größer wird als die Pressungsverteilung im ideal glatten Kontakt. Wenn der Schmierstoffdruckfaktor f gleich 1 ist, liegt in der Regel noch keine vollständige Oberflächentrennung vor, da einzelne Rauheitsspitzen im Vergleich zu Makrogeometrie hervorstehen. Aus diesem Grund erfolgt eine weitere Vergrößerung des Taschenvolumens durch eine Senkung der Annäherung bei der Mikrokontaktberechnung durch $u_{f=1}$. Sobald der Grenzwert für den Fehler des Schmierstoffvolumengleichgewichts unterschritten wird, wird das äußere Kräftegleichgewicht nach Formel (8.8) geprüft und ggf. durch die Vorgabe der Annäherung der Körper im glatten Kontakt u_{glatt} korrigiert. Die iterative Lösungsfindung wird so lange wiederholt, bis die Grenzwerte für beide Kriterien erfüllt werden.

8.2 Verifikation des Algorithmus

Verification of the Algorithm

Zur Verifikation der Berechnungsmethode wird anhand eines Beispielwälzkontakts überprüft, ob die Berechnungsergebnisse die physikalischen Zusammenhänge plausibel abbilden. Als Beispielwälzkontakt wird ein Linienkontakt mit einer Breite von b = 4 mm und Krümmungsradien in der Hauptebene von $R_{1/2}$ = 21 mm genutzt. Während die Oberflächentopografie des Gegenkörpers (Index 2) als ideal glatt vorgegeben wird, wird für den Prüfkörper (Index 1) eine ungefilterte, gemessene Oberflächentopografie eines außenrundgeschliffenen Prüfkörpers verwendet. Die mittlere Rauheit des Prüfkörpers beträgt Ra = 0,17 µm bzw. Rz = 1,40 µm. In **Bild 8-5** werden die Berechnungsergebnisse für unterschiedliche Ausgabegrößen über dem durchschnittlichen Schmierstoffdruck im Kontakt dargestellt. Zur Auswertung der Durchschnittsgrößen wird ein Auswertebereich in der Mitte der Kontaktfläche mit einer Größe von A = 0,1 x 2 mm² mit einer Vernetzungsauflösung von dy, dz = 2/10 µm definiert, um stochastische Einflüsse in Abhängigkeit von der Kontaktflächengröße zu vermeiden. Alle Durchschnittsgrößen werden auf den gesamten Auswertebereich bezogen und unter Last im elastisch verformten Zustand ausgewertet.

Mit steigendem Schmierstoffdruck in den Rauheitstälern steigt die mittlere Schmiertaschenhöhe progressiv an, weil der Schmierstoffdruck zu einer Aufweitung der Schmiertasche führt und die Kontaktflächen weiter voneinander trennt, siehe Bild 8-5 oben. Eine Erhöhung der theoretischen Durchdringung u_0 (höhere Normalkraft) führt zu einer Verkleinerung der mittleren Schmiertaschenhöhe bei gleichem Schmierstoffdruck, was auf die höhere elastische Verformung zurückgeführt werden kann. Eine vollständige Oberflächentrennung (reine Flüssigkeitsreibung) liegt für das vorliegende Kontaktbeispiel bei einer mittleren Schmiertaschenhöhe von h_{mittel} =0,6 µm vor. Zudem ist die mittlere Schmiertaschenhöhe bei vollständiger Oberflächentrennung unabhängig von der Last, weil ausschließlich der Schmierstoffdruck im Kontakt anliegt und alle Elemente entsprechend der elastischen Verformung im glatten, trockenen Kontakt verschoben werden. Die mittlere Schmiertaschenhöhe ist wesentlich größer als der *Ra*-Wert, weil bei der Kontaktberechnung die Form und Welligkeit der Oberfläche ganzheitlich durch die Verwendung einer ungefilterten Oberflächentopografie berücksichtigt werden.

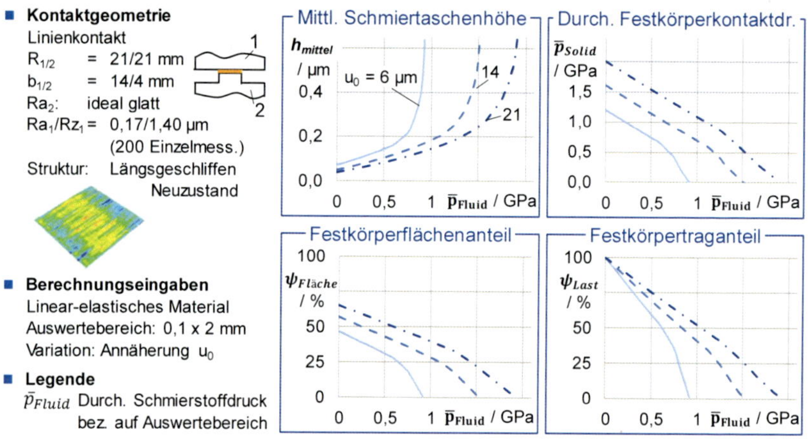

Bild 8-5: Verifikation des Berechnungsalgorithmus für Mischreibungszustände
Verification of the Method for Calculating Mixed Friction Regimes

Gegenüber der mittleren Schmiertaschenhöhe sinkt der durchschnittliche Festkörperkontaktdruck kontinuierlich, weil durch den Schmierstoffdruck (Verformungskreuzeinflüsse) die Festkörperkontaktpunkte entlastet werden (Bild 8-5). Der Knickpunkt markiert dabei den Übergang zwischen einem Schmierstoffdruckfaktor $f < 1$ und $f = 1$.

Zur Bewertung der Leistungsfähigkeit tribologischer Systeme spielen zudem die Kenngrößen des Festkörperflächenanteils und -traganteils eine zentrale Rolle, **Formel (8.9)** und **(8.10)**. Mit steigendem Schmierstoffdruck sinkt der Festkörperflächenanteil, vgl. Bild 8-5 unten. Dabei erhöht sich der Betrag des Festkörperflächenanteils mit steigender Durchdringung (Normalkraft), was physikalisch zu erwarten ist. Der Festkörpertraganteil sinkt ebenfalls mit steigendem Schmierstoffdruck. Im Gegensatz zum Festkörperflächenanteil ist der Festkörpertraganteil ohne die Wirkung eines Schmierstoffdrucks konstant gleich eins und damit unabhängig von der Normalkraft. Der durchschnittliche Schmierstoffdruck zur vollständigen Oberflächentrennung steigt mit steigender Durchdringung, da die Normalkraft weiterhin übertragen werden muss.

$$\psi_{Fläche} = \frac{A_{solid}}{A_{ges}} \qquad \textit{Festkörperflächenanteil} \qquad (8.9)$$

$$\psi_{Last} = \frac{F_{N,solid}}{F_{N,ges}} \qquad \textit{Festkörpertraganteil} \qquad (8.10)$$

8.3 Validierung des Modells für den Schmierstoffdruck

Validation of the Lubricant Pressure Model

Zur Validierung des Modells für den Schmierstoffdruck und der Methode für die Berechnung von Mischreibungszuständen wurden Reibwertmessungen auf einem Zwei-Scheiben-Reibkrafttribometer bei konstanter Gleitgeschwindigkeit verwendet, vgl. Kapitel 5.3. Für die Validierung wird der zweite Ast der Hysteresekurve (Drehzahlhochlauf) und die Oberfläche im eingelaufenen Zustand verwendet, sodass eine direkte Bewertung des Modells für den Schmierstoffdruck ohne die Wechselwirkung mit plastischen Verformungseffekten ermöglicht wird. Die experimentell ermittelten Reibwerte werden mit den Ergebnissen aus der Mikrokontaktberechnung verglichen.

Das zentrale Ergebnis der Mikrokontaktberechnung ist der Festkörper- bzw. Flüssigkeitstraganteil in Abhängigkeit von der mittleren Schmiertaschenhöhe. Die Berechnung des mittleren Reibwerts erfolgt nach **Formel (8.11)**. Aufgrund der konstant vorgegebenen Gleitgeschwindigkeit im gesamten Mischreibungsgebiet wird für alle Validierungsversuche ein konstanter Reibwert an den Festkörperkontakten definiert. Entsprechend des COULOMB´schen Reibgesetztes wird der Festkörperreibwert insbesondere unabhängig von der Normalkraft, dem Festkörpertraganteil sowie der Oberflächenrauheit und -struktur vorgegeben. Da die Berechnung des Festkörper- bzw. Grenzreibwerts auf Basis physikalischer Zusammenhänge mit einer hohen Unsicherheit verbunden ist, wird der Reibwert an den Festkörperkontakten zu μ_{grenz} = 0,097 gesetzt. Die Größenordnung des gewählten Reibwerts an den Festkörperkontakten entspricht dem Stand der Technik [BART01 S.70, DOLE03 S.26, POPO10 S.140ff.].

$$\mu_{mittel} = \Psi_{Last} \cdot \mu_{grenz} + (1 - \Psi_{Last}) \cdot \mu_{Fluid} \quad (8.11)$$

Der Flüssigkeitsreibwert wird in Abhängigkeit von der äußeren Normalkraft bzw. HERTZ´schen Pressung als vereinfachter Ansatz vorgeben und auf Basis der experimentellen Ergebnisse im Bereich des Ausklinkpunkts der STRIBECK-Kurve zu μ_{Fluid} (F_N =1086; 2280; 4338 N) = 0,043; 0,054; 0,061 bestimmt, vgl. Bild 5-12. Für die Untersuchung mit unterschiedlichen Oberflächenstrukturen wird der Flüssigkeitsreibwert aufgrund der gleichen Normalkraft während des Prüflaufs konstant zu μ_{Fluid} = 0,043 gesetzt. Der Flüssigkeitsreibwert wird zur Vereinfachung im gesamten Mischreibungsgebiet als konstant und damit unabhängig von der Schmierfilmhöhe und des Schmierstoffdrucks definiert. Dabei wird die Annahme getroffen, dass sich die Erhöhung des Reibwerts aufgrund des größeren Schergefälles (kleinere mittlere Schmiertaschenhöhe) mit der Reduktion der Viskosität durch den geringeren Schmierstoffdruck aufheben.

Die Berechnung des hydrodynamisch geförderten Schmierstoffvolumens erfolgt anhand der Regressionsgleichung für die mittlere Schmierfilmdicke nach HAMROCK/DOWSON mit der thermischen Korrektur nach MURCH/WILSON [MURC75 S.213, HAMR04 S.482]. Die Prüfbedingung und Schmierstoffeigenschaften für die Berechnung sind in Tabelle 5.1 und Kapitel 4.3 zusammengefasst.

8.3.1 Einfluss der Normalkraft

Influence of the Normal Force

In **Bild 8-6** werden die Versuchs- und Berechnungsergebnisse für unterschiedliche Normalkräfte anhand einer geschliffenen Oberflächenstruktur gegenübergestellt. Auf der Abszisse wird die mittlere Schmiertaschenhöhe aufgetragen, die eine äquivalente Größe für das hydrodynamisch geförderte Schmierstoffvolumen (Experiment) und für das Volumen der Rauheitstäler unter Last (Mikrokontaktberechnung) ist. Die Markierungen auf den Kurvenverläufen des Experiments entsprechen den diskreten Messpunkten während des Drehzahlhochlaufs bei der Erfassung der STRIBECK-Kurve. Die Ergebnisse für die drei Laststufen wurden mit demselben Prüfkörper erzeugt. Bei der Mikrokontaktberechnung wurde jeweils der Zustand nach Beendigung der Hystereseschleife des jeweiligen Lastniveaus verwendet.

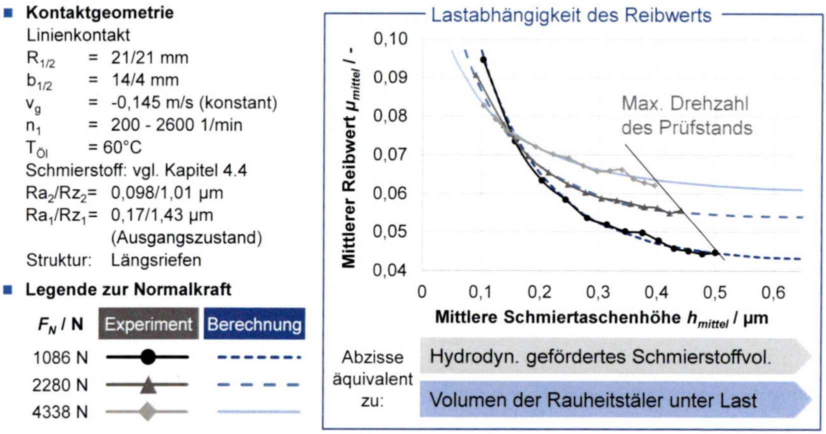

Bild 8-6: Validierung der Berechnungsmethode: Analyse der Lastabhängigkeit
Validation of the Calculation Method: Analysis of Load-Dependency

Die gemessenen und berechneten Reibwerte zeigen für die drei Lastniveaus eine gute Übereinstimmung (Bild 8-6). Insbesondere tritt sowohl im Versuch als auch bei der Berechnung ein Schnittpunkt der drei STRIBECK-Kurven bei einer mittleren Schmiertaschenhöhe $h_{mittel} = 0{,}15$ µm auf. Bei kleineren Schmierfilmhöhen findet damit ein Wechsel zwischen der Reihenfolge der Varianten mit unterschiedlicher Normalkraft statt, sodass die kleinsten Reibwerte bei der höchsten Last vorliegen. Die ausgeprägte Lastabhängigkeit bei einem Festkörpertraganteil von $\psi_{Last} = 100$ % ist eine direkte Ausgabegröße der Kontaktberechnung und kann nicht durch eine Veränderung des Festkörper- oder Flüssigkeitsreibwerts beeinflusst werden, weil beide Reibwerte für alle Varianten mit gleichem und konstantem Betrag vorgegeben wurden. Zudem wird durch die Berechnung für alle drei STRIBECK-Kurven der Start- und Endpunkt sowie die Krümmung der Verläufe mit hoher Übereinstimmung bestätigt. Der Start- und Endpunkt sowie die Krümmung der STRIBECK-Kurve ist abhängig von der Materialtraganteilkurve und ebenfalls eine direkte Ausgabegröße der Berechnung. Mit der Berechnungsmethode kann damit die Lastabhängigkeit des Reibwerts im Mischreibungsgebiet quantitativ bewertet werden.

8.3.2 Einfluss der Oberflächenrauheit und -struktur

Influence of the Surface Roughness and Structure

Bei der Mikrokontaktberechnung bilden gemessene Oberflächentopografien die Grundlage für die Berechnung des Festkörper- und Flüssigkeitstraganteils, sodass im Folgenden ebenfalls eine Validierung anhand unterschiedlicher Oberflächenrauheiten und -strukturen durchgeführt wird. Für alle Berechnungsergebnisse wird die Annahme getroffen, dass derselbe Festkörper- und Flüssigkeitsreibwert (μ_{grenz} = 0,097; μ_{Fluid} = 0,043) vorliegt, da bei einer Veränderung der Oberflächenrauheit und -struktur nur eine geringe Beeinflussung der Reibwerte zu erwarten ist.

Für eine Oberflächenstruktur mit Längsriefen und unterschiedlicher Rauheit werden durch die Berechnungsergebnisse sowohl der Verlauf als auch die Abstufung der experimentell ermittelten STRIBECK-Kurven bestätigt, vgl. **Bild 8-7** links. Mit steigender Rauheit ist zu erkennen, dass mit der Berechnungsmethode eine höhere Schmiertaschenhöhe (Taschenvolumen der Rauheitstäler) berechnet wird. Der Offset zwischen Experiment und Berechnung nimmt mit dem Betrag der Rauheit zu. Die experimentellen Reibwertergebnisse werden auf der Abszisse durch die Berechnung des hydrodynamisch geförderten Schmierstoffvolumen nach HAMROCK/DOWSON eingeordnet [HAMR04 S.482]. Da die Regressionsformeln nach HAMROCK/DOWSON für den ideal glatten Kontakt ermittelt wurden, ist eine Übertragung auf den rauen Wälzkontakt für größere Rauheitsbeträge nur bedingt möglich. Bei der kleinsten Rauheit liegt die höchste Übereinstimmung vor, wobei für die größeren Rauheitsbeträge durch Anpassung des hydrodynamisch geförderten Schmierstoffvolumens eine bessere Übereinstimmung zwischen Experiment und Berechnung erreicht werden könnte. Die höhere Menge an Schmierstoffvolumen kann darauf zurückgeführt werden, dass sich bei einer raueren Oberfläche bereits vor dem Eintritt in die Kontaktzone Schmierstoff in den Rauheitstälern sammelt, der bei der elastohydrodynamischen Berechnung für den ideal glatten Wälzkontakt unberücksichtigt bleibt. Als Korrekturmaßnahme könnte daher das hydrodynamisch geförderte Schmierstoffvolumen durch die Summation eines rauheits- und drehzahlabhängigen Anteils erweitert werden, um den Berechnungsansatz zu optimieren.

In Bild 8-7 rechts werden die Versuchsergebnisse für drei Oberflächenstrukturen mit der Berechnung verglichen. Für die gleitgeschliffene Oberflächenstruktur stimmt die Größenordnung des mittleren Reibwerts für Experiment und Berechnung überein. Der Verlauf der berechneten STRIBECK-Kurve wird mit dem Festkörperreibwert μ_{grenz} = 0,097 zu steil abgeschätzt. Aufgrund der chemischen Zusätze beim Gleitschleifen besteht die Möglichkeit, dass die Festkörperreibung beeinflusst wird, sodass hier eine Veränderung des Festkörperreibwerts möglich ist und eine Anpassung zu einer besseren Übereinstimmung führen kann.

Bei hoher Rauheit ($Ra \approx$ 0,4 µm) liegt wiederum ein Offset zwischen Versuch und Berechnung vor, wobei der Offset für beide Oberflächenstrukturen gleich ist. Beim Vergleich der hartgedrehten und geschliffenen Oberflächenstruktur ist zu erkennen, dass sich der Gradient der gemessenen STRIBECK-Kurven für die beiden Oberflächenstrukturen unterscheidet. Die Änderung des Gradienten und der daraus resultierende Schnittpunkt beider STRIBECK-Kurven werden von der Berechnung bestätigt. Aufgrund der Riefenstruktur der hartgedrehten Oberflächenstruktur ist bei geringen Festkörpertraganteilen ein höheres Schmierstoffvolumen zur Füllung der Rauheitstäler notwendig als bei einer geschliffenen Oberflächenstruktur. Sobald die Festkörperkontakte jedoch stärker belastet werden, reduziert sich das Volumen der Rauheitstaschen der hartgedrehten Oberflächenstruktur stärker, da die Steifigkeit der hartgedrehten Rauheitsspitzen kleiner ist als die der geschliffenen Oberflächenstruktur.

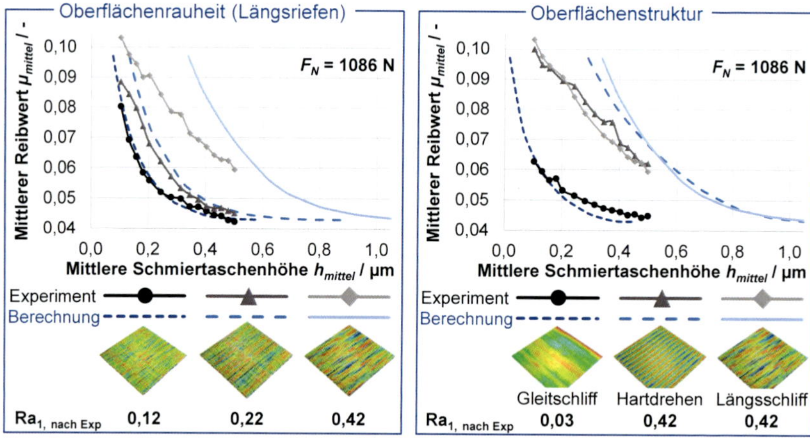

Bild 8-7: Validierung der Methode: Einfluss der Oberflächenrauheit und -struktur mit denselben Versuchsbedingungen wie in Bild 8.6
Validation of the Calculation Method: Surface Roughness and Structure with the testing parameters according to Fig. 8.6

8.4 Zwischenfazit und Reflexion der Methode

Interim Conclusions and Reflection of the Method

Bei der Methode zur Berechnung von Mischreibungszuständen wird entgegen dem Stand der Technik das Hauptmodell auf der Mikroebene verankert und hydrodynamische Einflüsse aus dem Makrokontakt durch die Regressionsformeln nach HAMROCK/DOWSON integriert. Zusammenfassend werden bei der indirekten Kopplung der Mikrokontaktberechnung mit den Erkenntnissen der EHD-Theorie folgende Annahmen getroffen:

- Das geförderte Schmierstoffvolumen wird für ideal glatte Oberflächen nach bekannten Regressionsformeln bestimmt und ist weder abhängig von der Oberflächenstruktur noch vom Mischreibungszustand.
- Das geförderte Schmierstoffvolumen verteilt sich gleichmäßig im rauen Kontakt.
- Die lokale Pressungsverteilung im ideal glatten EHD-Kontakt wird durch die Pressungsverteilung im glatten, trockenen Kontakt angenähert [LÖPE15 S.88].
- Der lokale Schmierstoffdruck überschreitet nicht den Betrag der lokalen Pressungsverteilung für den glatten, trockenen Kontakt (Schmierstoffdruckfaktor $f \leq 1$).

Eine zentrale Unsicherheit bei der Berechnung ist die Abschätzung des hydrodynamisch geförderten Schmierstoffvolumens durch Näherungsformeln für den ideal glatten EHD-Kontakt. Insbesondere für hohe Oberflächenrauheiten liegt ein Offset zwischen Berechnung und Experiment vor, wobei die qualitativen Verläufe für unterschiedliche Oberflächenstrukturen gut abgebildet werden.

Mit der Einführung der Schmierstoffrandbedingung für den elastischen Halbraum konnte zudem gezeigt werden, dass die Festkörperkontaktdruckkurve vom Schmierstoffdruck abhängig ist und ein dreidimensionales Kennfeld entsteht. Die Verwendung dieses dreidimensionalen Kennfelds liefert ein großes Potenzial zur Verbesserung der indirekten Kopplung von der Mikrokontaktberechnung mit EHD-Hauptmodellen.

Bei der Berechnung des mittleren Reibwerts wird die Annahme getroffen, dass der Reibwert an den Festkörperkontakten unabhängig von der Normalkraft und Oberflächentopografie ist (COULOMB´sches Reibungsgesetz). Der Reibwert wird dabei so quantifiziert, dass eine höchstmögliche Übereinstimmung mit den Versuchsergebnissen vorliegt. Für die zukünftige Anwendung der Berechnungsmethode auf praxisnahe Wälzkontakte ist die Verwendungen von Messdaten eines Stift-Scheibe-Tribometers bei unterschiedlichen Gleitgeschwindigkeiten zielführend. Der Flüssigkeitsreibwert wird bei der Validierung aus den experimentellen Ergebnissen in Abhängigkeit von der äußeren Normalkraft im Bereich der reinen Flüssigkeitsreibung bestimmt. In der Literatur existiert eine Vielzahl von Messdaten für Betriebsbedingungen bei reiner Flüssigkeitsreibung [STÖß71 S.52ff., MAYE13 S.51ff.]. Mit Vorgabe des Festkörper- und Flüssigkeitsreibwerts aus der Literatur kann die Berechnung des Reibwerts für den gesamten Zahneingriff entlang der Eingriffsstrecke für unterschiedliche Drehmomente und Oberflächenstrukturen ohne zusätzliche Experimente ermöglicht werden.

Zusammenfassend kann festgehalten werden, dass die Berechnungsmethode den Einfluss der Normalkraft sowie der Oberflächenrauheit und -struktur auf den Mischreibungszustand und den Reibwert ermöglicht. Der Einfluss des Schmierstoffs kann für großflächige Mikrokontakte im elastischen Halbraum auch ohne die direkte Lösung der NAVIER-STOKES-Gleichungen modelliert werden, sodass die Forschungsthese verifiziert werden konnte. Für die Validierung des Modells für den Schmierstoffdruck wurden die Oberflächenstrukturen im eingelaufenen Zustand und als Vergleichswert der Reibwert verwendet. Offen ist die Frage, inwiefern das entwickelte Modell für den Schmierstoffdruck für die Vorhersage der geometrischen Oberflächenveränderung für geschmierte Kontaktbedingungen genutzt werden kann, siehe folgendes Kapitel.

9 Anwendung der Berechnungsmethode

Application of the Calculation Approach

In diesem Kapitel wird die Methode zur elastisch-plastischen Kontaktberechnung auf die Versuche unter geschmierten Kontaktbedingungen angewendet. Dazu wird im ersten Schritt die Integration des Schmierstoffdrucks in die Kontaktberechnung aus Kapitel 8 in den elastisch-plastischen Berechnungsansatz verifiziert und an einem Beispiel die physikalischen Zusammenhänge geprüft. Anschließend erfolgt die Nachrechnung der geometrischen Oberflächenveränderung für die Versuche aus Kapitel 5.2.2 unter geschmierten Bedingungen. Abschließend wird die Berechnungsmethode ebenfalls auf die Reibkraftuntersuchungen aus Kapitel 5.3 angewendet, um die Einlaufhysterese zwischen einem Drehzahlrunterlauf - und -hochlauf vorherzusagen.

9.1 Integration des Modells für den Schmierstoffdruck in die elastisch-plastische Mikrokontaktberechnung

Integration of the Lubricant Pressure Modell in the Elastic-plastic Micro Contact Calculation

Zur Berücksichtigung unterschiedlicher Schmierungszustände bei der elastisch-plastischen Kontaktberechnung wird das validierte Modell für den Schmierstoffdruck aus Kapitel 8 in die Berechnungsmethode aus Kapitel 7 integriert. Durch das für den elastischen Halbraum entwickelte Modell für den Schmierstoffdruck wird primär die Pressungsberechnung bzw. die Lösung des linearen Gleichungssystem beeinflusst, vgl. Kapitel 8.1.1. Die Integration des Schmierstoffdrucks kann somit losgelöst von der Spannungsberechnung sowie der Berechnung der plastischen Dehnungen und der Oberflächendeformation erfolgen. Das iterative Lösungsvorgehen bei der elastisch-plastisch Kontaktberechnung bleibt unverändert. Trotzdem hat der lokale Schmierstoffdruck einen wesentlichen Einfluss auf das Ergebnis der elastisch-plastischen Kontaktberechnung, da durch die veränderte Pressungsverteilung der Spannungszustand unter der Oberfläche und damit der Betrag der plastischen Dehnungen bzw. der Oberflächendeformation beeinflusst wird. Zudem verändert sich die Annäherung der Körper und damit das Kräftegleichgewicht. In den folgenden Kapiteln werden die Integration des Schmierstoffdrucks in die elastisch-plastische Kontaktberechnung verifiziert und der Einfluss auf die Festkörperkontaktdruckkurve diskutiert.

9.1.1 Beeinflussung des Spannungszustands durch den Schmierstoffdruck

Influence of the Lubricant Pressure on the Local Stress State

Durch die Lösung des elastischen Halbraums unter Berücksichtigung eines lokalen Schmierstoffdrucks wird primär die Pressungsverteilung an den Festkörperkontakten und damit auch der resultierende Spannungszustand unterhalb der Oberfläche beeinflusst. Zur Verifikation werden in **Bild 9-1** die Kontaktgeometrie, die Pressungsverteilung und der Spannungszustand für den fluidfreien Kontakt (Schmierstoffdruckfaktor $f = 0$) und für geschmierte Kontaktbedingungen am Beispiel des Schmierstoffdruckfaktors $f = 1$ analysiert. Die Auswertung erfolgt in beiden Fällen nach dem ersten Iterationsschritt der elastisch-plastischen Kontaktberechnung bzw. für den Ausgangszustand der Oberfläche. In diesem Fall ist ein direkter Vergleich möglich, da die Oberfläche durch den elastisch-plastischen Lösungsalgorithmus noch nicht verändert wurde. Der Betrag der Vergleichsspannung ist dabei ein Maß für die zu erwartende plastische Verformung.

Durch den Schmierstoffdruck und die Kreuzeinflüsse bei der Lösung des linearen Gleichungssystems werden primär die lokalen Kontaktpressungen an den einzelnen Rauheitsspitzen beeinflusst, vgl. Bild 9-1. Für die Lösung ohne Schmierstoffdruck sind im Vergleich zur Lösung mit Schmierstoffdruck mehr einzelne Rauheitsspitzen im Kontakt und der Betrag der Pressung an den Mikrokontakten ist größer. Zudem ist die mittlere Schmiertaschenhöhe kleiner, da der nicht vorhandene Schmierstoffdruck keine Aufweitung zur Folge hat.

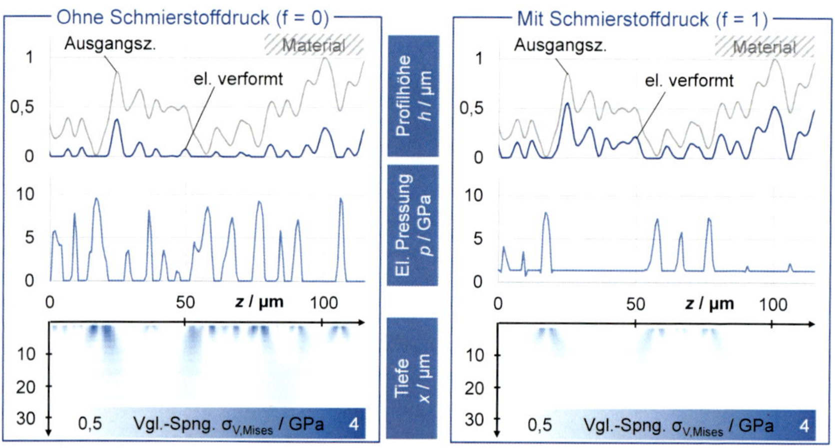

Bild 9-1: Analyse der Spannungsverteilung mit und ohne Schmierstoffdruck
Analysis of Stress Distribution with and without Lubricant Pressure

Die Unterschiede in der Pressungsverteilung sind auch bei der Analyse des Spannungszustands unterhalb der Oberfläche erkennbar, siehe Bild 9-1 unten. Die Mikrospannungsfelder bilden sich an den einzelnen Festkörperkontakten aus, wobei der Betrag der Vergleichsspannung aufgrund der geringeren Festkörperkontaktpressung für die Variante mit Schmierstoffdruck geringer ist. Somit ist für beide Varianten auch eine unterschiedliche plastische Verformung zu erwarten. Durch den Schmierstoffdruck und die resultierenden Kreuzeinflüsse bei der Spannungsberechnung wird zudem der Hydrostat verändert, jedoch tritt dieser Effekt im Vergleich zu der reduzierten Pressung an den Festkörperkontakten in den Hintergrund.

9.1.2 Veränderung der Oberflächenrauheit für unterschiedliche Schmierungszustände

Change of the Surface Roughness for Different Lubrication Conditions

Zur Verifikation des Modells für den Schmierstoffdruck bei der elastisch-plastischen Kontaktberechnung wird im Folgenden die Veränderung der Rauheit am Beispiel einer geschliffenen Oberfläche analysiert. Da sich in Abhängigkeit vom Schmierungszustand die Spannungen unterhalb der Oberfläche verändern (Kapitel 9.1.1), ist ebenfalls eine unterschiedliche Reduktion der Oberflächenrauheit zu erwarten. In **Bild 9-2** wird die Veränderung des Ra-Werts in Abhängigkeit von der mittleren Schmiertaschenhöhe für drei unterschiedliche Normalkräfte ausgewertet. Die Stützpunkte der einzelnen Kurven markieren dabei unterschiedliche Schmierungszustände, bei denen unter Vorgabe der Annäherung u_0 die Konvergenzkriterien der elastisch-plastischen Kontaktberechnung erfüllt wurden. Dabei ist zu beachten, dass die Lösung des elastisch-plastischen Kontaktproblems unter Berücksichtigung des Schmierstoffdrucks immer bei vollständiger Oberflächentrennung beginnt und anschließend der Schmierstoffdruck und damit die mittlere Schmiertaschenhöhe schrittweise reduziert wird, um eine kontinuierliche Einglättung der Oberfläche zu erhalten.

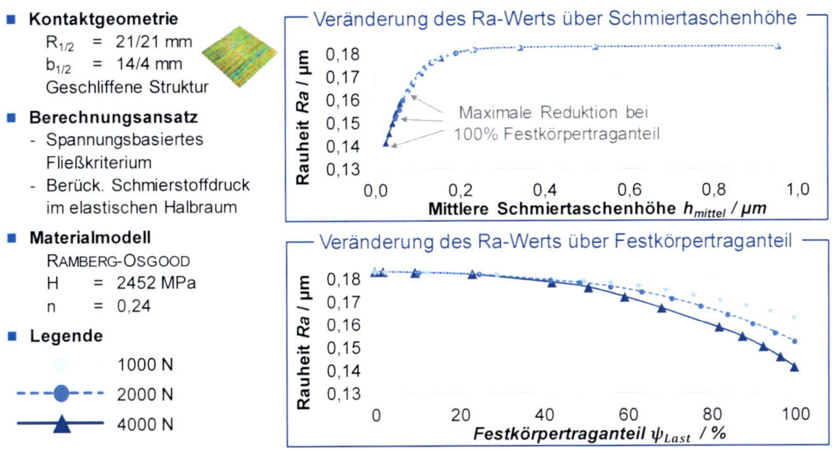

Bild 9-2: Berechnete Veränderung des Ra-Werts für unterschiedliche Schmierungszustände

Calculated Change of Ra-Value for Different Lubrication Conditions

Die Reduktion des Ra-Werts nimmt mit sinkender Hydrodynamik bzw. einer kleineren Schmiertaschenhöhe zu, sodass der zu erwartende physikalische Zusammenhang vom Berechnungsansatz abgebildet wird. Die Reduktion der mittleren Schmiertaschenhöhe ist auf zwei sich überlagernde Effekte zurückzuführen. Zum einen wird die Schmiertaschenhöhe durch einen geringeren Schmierstoffdruck reduziert (vgl. Bild 8-5). Zum anderen wird die Amplitude der Rauheitstäler durch die plastische Verformung unter Berücksichtigung des Materialflusses reduziert, was ebenfalls zu einer sinkenden Schmiertaschenhöhe führt. Die plastische Verformung beginnt bei einer mittleren Schmiertaschenhöhe von h_{mittel} = 0,95 µm mit dem Übergang ins Mischreibungsgebiet (Bild 9-2). Bei vollständiger Oberflächentrennung wird durch den Berechnungsansatz aufgrund des im Vergleich zum Festkörperkontaktdruck geringen Schmierstoffdrucks keine Deformation berechnet. Die Abnahme des *Ra*-Werts ist nicht linear, sondern progressiv mit sinkender Schmiertaschenhöhe.

Für die drei unterschiedlichen Normalkräfte ergeben sich in Abhängigkeit von der Schmiertaschenhöhe auf den ersten Blick identische Verläufe für die Reduktion des *Ra*-Werts. Erst bei einer geringen mittleren Schmiertaschenhöhe ist zu erkennen, dass die Einglättung der Oberfläche für die höhere Normalkraft am stärksten ausgeprägt ist, vgl. Bild 9-2. Für jede Normalkraft wird die maximale Einglättung bei einem Festkörpertraganteil von ψ_{Last} = 100 % erreicht. Eine weitere Reduktion des hydrodynamisch geförderten Schmierstoffvolumen führt nicht zu einer weiteren Reduktion der Oberflächenrauheit, weil die Normalkraft bereits vollständig über die Festkörperkontakte übertragen wird.

Zusammenfassend korreliert die mittlere Schmiertaschenhöhe somit unabhängig von der Normalkraft mit dem Grad der Einglättung. Der Unterschied ist jedoch, dass die mittlere Schmiertaschenhöhe bei einer höheren Normalkraft mit einem höheren durchschnittlichen Schmierstoffdruck erreicht wird, weil die Rauheitstäler infolge der größeren elastischen Gesamtverformung stärker zusammengedrückt werden. Dabei ist zu beachten, dass die maximale Reduktion der Rauheit bei einem Festkörpertraganteil von ψ_{Last} = 100 % vorliegt und von der Normalkraft abhängig ist.

Zur Verdeutlichung wird in Bild 9-2 zudem die Reduktion des *Ra*-Werts über dem Festkörpertraganteil dargestellt. Bei einem geringen Festkörpertraganteil (hohe Wirkung der Hydrodynamik bzw. hoher Schmierfilmdruck) ist die Veränderung des *Ra*-Werts für die unterschiedlichen Normalkräfte vergleichbar. Je größer der Festkörpertraganteil wird, desto höher wird die Einglättung und umso deutlicher ist der Einfluss der Normalkraft zu erkennen. Dabei ist zu beachten, dass der *Ra*-Wert progressiv über den Festkörpertraganteil sinkt.

Für den *Rz*-Wert ergeben sich im Vergleich zum *Ra*-Wert ähnliche Verläufe für die Veränderung der Rauheit über der mittleren Schmiertaschenhöhe, vgl. **Bild 9-3**. Die Reduktion des *Rz*-Werts ist ebenfalls progressiv, jedoch bei hohen Schmiertaschenhöhen bereits deutlicher ausgeprägt. Bei der Analyse über dem Festkörpertraganteil ergibt sich für den *Rz*-Wert ein s-förmiger Verlauf, was ein grundlegender Unterschied im Vergleich zum *Ra*-Wert ist. Bei einem geringen Festkörpertraganteil treten insbesondere einzelne Rauheitsspitzen in den Kontakt, die aus dem Primärprofil herausstehen. An diesen Kontaktpunkten wird die erste plastische Verformung der Oberfläche berechnet. Da der *Rz*-Wert durch die größten Rauheitsspitzen- und -täler in jeder Einzelmessstrecke definiert wird, führt die plastische Verformung einzelner Rauheitsspitzen im Festkörperkontakt bereits zu einer relativ großen Reduktion des *Rz*-Werts. Aufgrund der Mittelwertbildung ist dieser Effekt bei der Auswertung des *Ra*-Werts nicht zu erkennen. An dieser Stelle werden die Vorteile eines deterministischen Berechnungsansatzes mit realen Messdaten sowie die großflächige Berücksichtigung und Auswertung des Mikrokontakts deutlich.

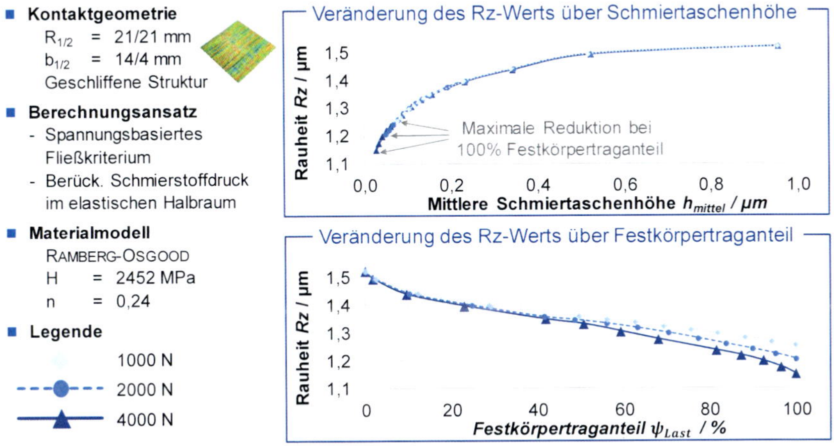

Bild 9-3: Veränderung des Rz-Werts für unterschiedliche Schmierungszustände
Chance of Rz-Value for Different Lubrication Conditions

Neben den beiden Rauheitskennwerten Ra und Rz wird in **Bild 9-4** die Veränderung der Materialtraganteilkurve für unterschiedliche Schmierungszustände bzw. Festkörpertraganteile analysiert. Mit steigendem Festkörpertraganteil reduziert sich die Profilhöhe insbesondere im Bereich geringer Traganteile, was mit den Überlegungen bei der Auswertung des Rz-Werts übereinstimmt. Im Bereich hoher Materialtraganteile (Rauheitstäler) ist erst bei Festkörpertraganteilen im Bereich von ψ_{Last} = 100 % eine Veränderung zu erkennen. Im Zentralbereich der Materialtraganteilkurve wird die Steigung mit höheren Festkörpertraganteilen flacher.

Für die Übertragung der Berechnungsergebnisse zur Gestaltung eines wirksamen Einlaufes kann zusammengefasst werden, dass durch einen steigenden Festkörpertraganteil und eine steigende Belastung die stärkste Reduktion der Oberflächenrauheit erreicht werden kann. Die Berechnungsergebnisse spiegeln damit die experimentellen Erkenntnisse aus dem Stand der Technik wider. Ab einem Festkörpertraganteil von ψ_{Last} = 100 % ist jedoch keine weitere Veränderung mehr zu erwarten. Aufgrund des hohen Festkörpertraganteils können in der Praxis neben der plastischen Verformung einzelner Rauheitsspitze Adhäsionsschäden, wie bspw. Fressen, vor Abschluss des Einlaufs auftreten, was in jedem Fall zu vermeiden ist.

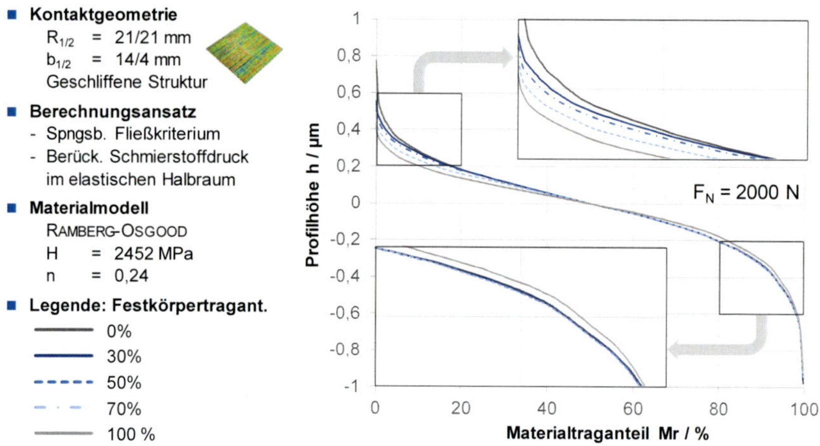

Bild 9-4: Veränderung Materialtraganteilkurve für unterschiedliche Schmierungszustände
Chance of ABBOTT-FIRESTONE-Curve for Different Lubrication Conditions

9.1.3 Beeinflussung der Festkörperkontaktdruckkurve

Impact on the Solid Contact Pressure Curve

Die Festkörperkontaktdruckkurve ist ein wichtiges Kennfeld zur Verbindung der Makro- und Mikroebene bei der Modellierung von EHD-Kontakten [BART10 S.67, NADE17 S.8], vgl. Kapitel 2.3.2. Da der Festkörperkontaktdruck durch die Druckfestigkeit des Materials maßgeblich beeinflusst wird, spielt die Berücksichtigung des elastisch-plastischen Materialverhaltens eine wichtige Rolle bei der Berechnung der Festkörperkontaktdruckkurve. BARTEL entwickelt ein elastisch-plastisches Materialmodell für den elastischen Halbraum auf Basis eines pressungsbasierten Fließkriteriums [BART01 S.13 f.]. Demgegenüber wird in dieser Arbeit ein spannungsbasierter Berechnungsansatz unter Berücksichtigung des lokalen Materialflusses gewählt. Im Folgenden werden die unterschiedlichen Berechnungsansätze und deren Einfluss auf die Festkörperkontaktdruckkurve analysiert.

In **Bild 9-5** werden die Festkörperkontaktdruckkurven für den elastischen Kontakt und die beiden elastisch-plastischen Berechnungsansätze für unterschiedliche durchschnittliche Schmierstoffdrücke am Beispiel des Werkstoffs 16MnCr5 im einsatzgehärteten Zustand gegenübergestellt. In Abhängigkeit von der Parametrierung der Materialmodelle ist es prinzipiell möglich, die gleiche Festkörperkontaktdruckkurve für das pressungsbasierte Fließkriterium nach BARTEL und das in dieser Arbeit verwendete spannungsbasierte Fließkriterium zu erhalten. Für den Werkstoff 16MnCr5 und 100Cr6 im einsatzgehärteten Zustand ermittelt BARTEL auf Basis von Mikrohärtemessungen einen Grenzdruck von p_{lim}= 4500-8000 MPa [BART01 S.20 ff.]. Für den Vergleich der Berechnungsansätze wird der Grenzdruck auf die untere Grenze von p_{lim}= 4500 MPa gesetzt, um den größten Einfluss des Grenzdrucks zu erfassen. Für den spannungsbasierten Ansatz wird das zur Validierung verwendete Materialmodell nach RAMBERG-OSGOOD mit der Parametrierung H = 2452 MPa und n = 0,24 verwendet, vgl. Kapitel 7.3.

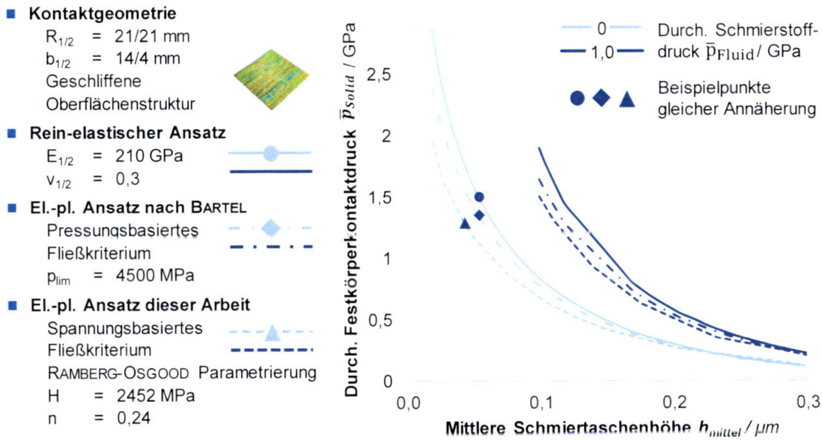

Bild 9-5: Festkörperkontaktdruckkurven für unterschiedliche elastisch-plastische Ansätze
Solid Contact Pressure Curve for Different Elastic-plastic Calculation Approaches

Im Vergleich zur rein elastischen Kontaktberechnung verschiebt sich entsprechend der Erwartung die Festkörperkontaktdruckkurve in Richtung Ursprung, wobei für einen geringen Festkörperkontaktdruck kein Unterschied zwischen den unterschiedlichen Berechnungsansätzen zu erkennen ist. Für das pressungsbasierte Fließkriterium kann die Verschiebung in Richtung Ursprung auf die Reduktion des Festkörperkontaktdrucks zurückgeführt werden. Der Beispielpunkt für eine gleiche Annäherung bzw. Abplattung verschiebt sich entsprechend senkrecht nach unten bei konstanter Schmiertaschenhöhe (Bild 9-5). Für das spannungsbasierte Fließkriterium ist zu erkennen, dass aufgrund des Materialflusses von den Rauheitsspitzen zu den -tälern nicht nur der Betrag des Festkörperkontaktdrucks, sondern ebenfalls die mittlere Schmiertaschenhöhe beeinflusst wird. Aus diesem Grund ist die Veränderung der Festkörperkontaktdruckkurve für den spannungsbasierten Berechnungsansatz größer als für das pressungsbasierte Fließkriterium. Da der durchschnittliche Festkörperkontaktdruck für die Beispielpunkte konstanter Annäherung beim spannungsbasierten Berechnungsansatz stärker sinkt als beim pressungsbasierten Fließkriterium, scheint die Parametrierung des RAMBERG-OSGOOD-Modells generell mehr plastische Verformungen zuzulassen. Weitere Gründe für den Unterschied können die Berücksichtigung des Materialflusses und das verfestigende Materialverhalten sein, durch die nicht nur der maximale Kontaktdruck begrenzt wird, sondern auch eine gleichmäßigere Verteilung der Normalkraft resultiert. Zudem wird in Bild 9-5 der Einfluss des durchschnittlichen Schmierstoffdrucks im Bereich der Rauheitstäler analysiert. Durch die Berücksichtigung elastisch-plastischen Materialverhaltens wird der Festkörperkontaktdruck am Beispiel des durchschnittlichen Schmierstoffdrucks $\bar{p}_{fluid}$ = 1000 MPa weiterhin in Richtung Ursprung verschoben. Der Effekt ist im Vergleich zu der Betrachtung ohne Schmierstoffdruck ähnlich stark ausgeprägt, wobei sich die Kurven für die unterschiedlichen Fließkriterien annähern.

Zusammenfassend kann festgehalten werden, dass die Wahl des Fließkriteriums einen entscheidenden Einfluss auf die Festkörperkontaktdruckkurve hat. Für ein spannungsbasiertes Fließkriterium und die Berücksichtigung des Materialflusses liegt sowohl eine Reduktion des Festkörperkontaktdrucks als auch der mittleren Schmiertaschenhöhe vor. Im Vergleich zum Einfluss des durchschnittlichen Schmierstoffdrucks wird die Festkörperkontaktdruckkurve durch ein elastisch-plastisches Materialmodell jedoch weniger stark beeinflusst, sodass die Berücksichtigung des Schmierstoffdrucks bei der Kennfeldberechnung wichtiger zu bewerten ist. Im Vergleich zu bestehenden Ansätzen aus dem Stand der Technik bildet der in dieser Arbeit entwickelte elastisch-plastische Berechnungsansatz die physikalischen Zusammenhänge bei der Mikrokontaktberechnung eines geschmierten Kontakts genauer ab. In zukünftigen Arbeiten sollte daher der Einfluss der veränderten Festkörperkontaktdruckkurve bei der Modellierung von EHD-Kontakten mit dem Hauptmodell auf Makroebene genauer untersucht und bewertet werden.

9.2 Elastisch-plastische Berechnungen im geschmiertenD Kontakt

Elastic-plastic Calculation of Lubricated Contact Conditions

Neben den Untersuchungen bei fluidfreien Kontaktbedingungen wurden ebenfalls Experimente unter reinem Rollen mit Schmierstoff durchgeführt. Die geometrische Oberflächenveränderung fiel aufgrund der Ausbildung eines tragenden Schmierfilms für alle Versuche mit Schmierstoff im Vergleich zu den fluidfreien Versuchsbedingungen geringer aus. Zur weiterführenden Validierung wird die elastisch-plastische Kontaktberechnung daher in diesem Unterkapitel auf die experimentellen Ergebnisse aus Kapitel 5.2.2 angewendet.

9.2.1 Vorauswertung der Berechnungsergebnisse

Pre-Evaluation of the Calculation Results

Zum Vergleich mit den experimentellen Untersuchungen wird zunächst eine Vorauswertung der Berechnungsergebnisse für zwei Varianten mit unterschiedlicher Rauheit und konstanter Normalkraft durchgeführt, vgl. **Bild 9-6**. Dabei wird die Veränderung des Ra-Werts über der mittleren Schmiertaschenhöhe aufgetragen. Entsprechend den Analysen zur Verifikation in Kapitel 9.1.2 verläuft die Reduktion des Ra-Werts progressiv mit sinkender Schmiertaschenhöhe. Der Punkt ganz links markiert die Kontaktbedingungen mit einem Festkörpertraganteil ψ_{Last} = 100 %, wobei bei geringeren Schmiertaschenhöhen keine weitere Einglättung mehr möglich ist, da bereits die gesamte Normalkraft über die Festkörperkontakte übertragen wird. Für die Variante mit niedriger Ausgangsrauheit ist die Reduktion des Ra-Werts für eine bestimmte mittlere Schmiertaschenhöhe immer geringer als für die Variante mit hoher Ausgangsrauheit.

Zudem wird der Festkörpertraganteil von ψ_{Last} = 100 %, erst bei einer geringeren mittleren Schmiertaschenhöhe erreicht, was der physikalischen Erwartung entspricht.

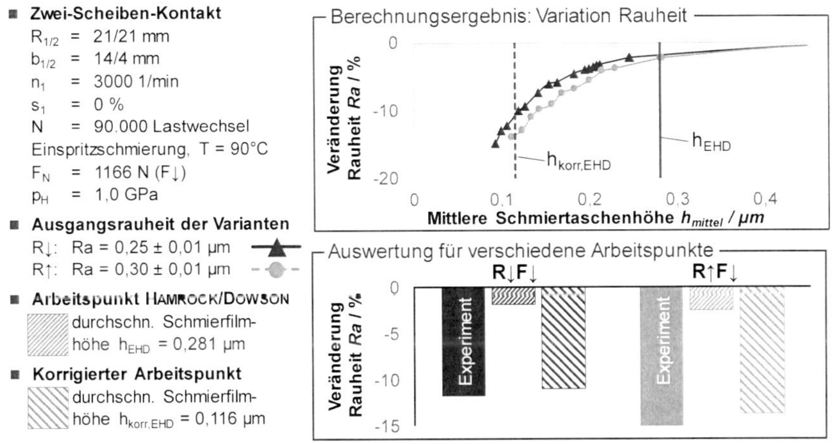

Bild 9-6: Vorauswertung der Berechnungsergebnis bei niedriger Normalkraft
Pre-Evaluation of Calculation Results for Low Normal Force

Entsprechend der Modellvorstellung und der daraus abgeleiteten Randbedingung des Schmierstoffvolumengleichgewichts ist die mittlere Schmiertaschenhöhe ein Äquivalent zum hydrodynamisch geförderten Schmierstoffvolumen, vgl. Bild 8-3. Für einen Vergleich mit den experimentellen Ergebnissen in Kapitel 5.2.2 muss daher ein Arbeitspunkt im Mischreibungsgebiet definiert werden, bis zu dem die Reduktion des *Ra*-Werts in Abhängigkeit von den Betriebsbedingungen während des Experiments stattgefunden hat (Bild 9-6 oben). Im ersten Schritt wird analog zur Validierung in Kapitel 8 das hydrodynamisch geförderte Schmierstoffvolumen anhand der Näherungsformel nach HAMROCK/DOWSON für den Linienkontakt berechnet (Arbeitspunkt HAMROCK/DOWSON: h_{EHD} = 0,281 µm). Die Auswertung in diesem Arbeitspunkt zeigt, dass die Einglättung mit $\Delta Ra \approx$ 2-3 % gegenüber dem Experiment unterschätzt wird, vgl. Bild 9-6 unten. Die Tendenz einer höheren Reduktion des *Ra*-Werts bei höherer Ausgangsrauheit wird in diesem Arbeitspunkt jedoch durch die Berechnung bestätigt.

Die Bestimmung des hydrodynamisch geförderten Schmierstoffvolumens stellt eine wesentliche Unsicherheitskomponente der Berechnungsmethode dar, weil die Übertragung hydrodynamischer Effekte durch ein Hilfsmodell auf Makroebene erfolgt. Für die in dieser Berechnungsmethode verwendeten Näherungsformeln nach HAMROCK/DOWSON liegt die Unsicherheit unter anderem bei der exakten Kenntnis der Schmierstoffeigenschaften und der Annahme ideal glatter Oberflächen. Daher kann die Wahl des Arbeitspunkts eine mögliche Ursache für die Diskrepanz zwischen Berechnung und Experiment sein.

Anhand der experimentellen Untersuchungen wurde zudem festgestellt, dass für die Variante mit hoher Ausgangsrauheit und niedriger Normalkraft nahezu kein Unterschied zwischen fluidfreien und geschmierten Kontaktbedingung hinsichtlich der Rauheitsreduktion vorlag ($\Delta Ra_{fluidfrei/geschmiert}$ = -16,3 / -15,4 % in Bild 5-8. Daraus kann geschlussfolgert werden, dass für die gewählten Betriebsbedingungen im geschmierten Zustand trotz der Hydrodynamik nur ein begrenzter Aufbau des Schmierfilms bzw. des Schmierstoffdrucks ermöglicht wurde und der Festkörpertraganteil an der Grenze zu ψ_{Last} = 100 % lag. Für eine bessere Übereinstimmung zwischen Experiment und Berechnung ist daher eine Korrektur des Arbeitspunktes sinnvoll. Der korrigierte Arbeitspunkt wird dabei so gewählt, dass die Reduktion des Ra-Werts für die Variante mit niedriger Ausgangsrauheit mit dem Experiment übereinstimmt (Korrigierter Arbeitspunkt: $h_{korr,EHD}$ = 0,115 µm). Mit der Auswertung im korrigierten Arbeitspunkt wird die höhere Reduktion des Ra-Werts bei höherer Ausgangsrauheit durch die Berechnung bestätigt.

9.2.2 Validierung der Methode für geschmierte Kontaktbedingungen

Validation of Calculation Approach for Lubricated Contact Conditions

Aufbauend auf der Vorauswertung wird der Berechnungsansatz zur Vorhersage der geometrischen Oberflächenveränderung in diesem Kapitel auch für die geschmierten Kontaktbedingungen validiert. Bei den experimentellen Untersuchungen lag in Abhängigkeit von der Ausgangsrauheit eine unterschiedliche Tendenz bei der Veränderung des Ra-Werts für verschiedene Normalkräfte vor. Während bei einer niedrigen Ausgangsrauheit mit steigender Normalkraft eine höhere Reduktion des Ra-Werts entsprechend der physikalischen Erwartung vorlag, blieb die Einglättung bei der höheren Ausgangsrauheit nahezu konstant, vgl. Bild 5-8. Die Frage ist, ob der Berechnungsansatz diese unterschiedliche Tendenz abbilden kann.

In **Bild 9-7** werden die Berechnungsergebnisse für die niedrige Ausgangsrauheit und unterschiedliche Normalkräfte dargestellt. Für die drei Normalkräfte ergeben sich unterschiedliche Verläufe für die Veränderung des Ra-Werts über der mittleren Schmiertaschenhöhe. Die Unterschiede in den Verläufen resultieren dabei primär aus der Verwendung der gemessenen Oberflächentopografie für jeden Versuchspunkt, da die Analysen zum Krafteinfluss in Kapitel 9.1.2 gezeigt haben, dass bei gleicher Ausgangstopografie eine höhere Normalkraft erst bei hohen Festkörpertaganteilen zu Unterschieden führt.

Bei der Wahl der Arbeitspunkte für die drei Versuchsvarianten ist zu beachten, dass das hydrodynamisch geförderte Schmierstoffvolumen abhängig von der Normalkraft bzw. HERTZ´schen Pressung ist, sodass drei unterschiedliche Arbeitspunkte resultieren. Dabei gilt, dass mit steigender Normalkraft das hydrodynamisch geförderte Schmierstoffvolumen abnimmt. Entsprechend den Ergebnissen bei der Vorauswertung im vorherigen Kapitel wird für die Validierung eine Korrektur des Arbeitspunkts durchgeführt, wobei ein kraftunabhängiger Korrekturbetrag Δh_{EHD} definiert und für die vorliegende Versuchsreihe zu Δh_{EHD} = 0,165 µm gesetzt wird. Für die niedrige Ausgangsrauheit bildet der Berechnungsansatz die höhere Einglättung bei steigender Normalkraft ab, siehe Bild 9-7 unten. Während die Reduktion des *Ra*-Werts für die Variante R↓F↑↑ überschätzt wird, stimmt die Reduktion des *Ra*-Werts für die Varianten R↓F↓ und R↓F↑ quantitativ mit dem Experiment überein.

- **Zwei-Scheiben-Kontakt**
  $R_{1/2}$ = 21/21 mm
  $b_{1/2}$ = 14/4 mm
  n_1 = 3000 1/min
  s_1 = 0 %
  N = 90.000 Lastwechsel
  Einspritzschmierung, T = 90°C
  Ra = 0,25 ± 0,01 µm (R↓)
- **Korrektur der Arbeitspunkte**
  Formel: $h_{korr,EHD} = h_{EHD} - \Delta h_{EHD}$
  mit Δh_{EHD} = 0,165 µm = konst.
- **Arbeitspunkte F↓** ———
  $h_{korr,EHD}$ = 0,115 µm (p_H = 1,0 GPa)
- **Arbeitspunkte F↑** - - - - -
  $h_{korr,EHD}$ = 0,080 µm (p_H = 1,5 GPa)
- **Arbeitspunkte F↑↑** ·········
  $h_{korr,EHD}$ = 0,058 µm (p_H = 2,0 GPa)

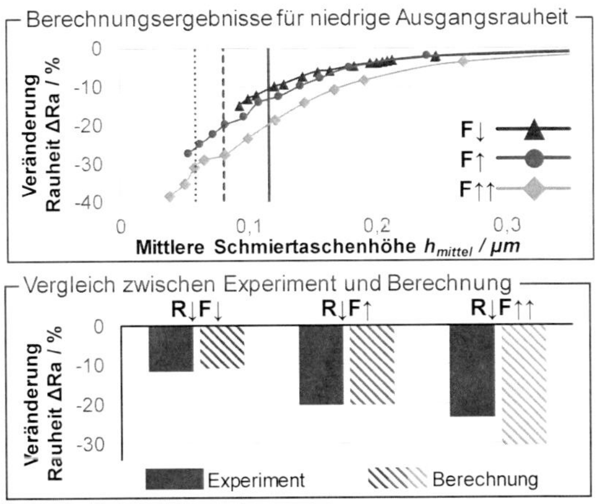

Bild 9-7: Validierung unter geschmierten Kontaktbedingungen: niedrige Ausgangsrauheit
Validation for Lubricated Contact Conditions: Low Initial Roughness

In **Bild 9-8** werden die Berechnungsergebnisse für die höhere Ausgangsrauheit zusammenfasst. Die Veränderung des *Ra*-Werts über der mittleren Schmiertaschenhöhe ist für beide Varianten aufgrund der gemessen Oberflächentopografie wiederum unterschiedlich. Interessant ist dabei, dass sich die Variante mit hoher Normalkraft oberhalb der Variante mit niedriger Normalkraft einsortiert und die Reihenfolge damit unterschiedlich zur Auswertung in Bild 9-7 mit niedriger Ausgangsrauheit ist. Die Veränderung der Rauheit wird wiederum im Schnittpunkt mit dem jeweiligen Arbeitspunkt ausgewertet und mit dem Experiment verglichen (Bild 9-8 unten). Hierbei ist zu erkennen, dass mit dem Berechnungsansatz zum einen quantitativ der Veränderung des *Ra*-Werts vorhergesagt werden kann und zum anderen der Einfluss der Normalkraft für die höhere Ausgangsrauheit richtig erfasst wird. An dieser Stelle wird deutlich, welchen Vorteil die Berücksichtigung der gemessenen Oberflächentopografie in Kombination mit einer großflächigen, elastisch-plastischen Kontaktberechnung bietet.

- **Zwei-Scheiben-Kontakt**
  $R_{1/2}$ = 21/21 mm
  $b_{1/2}$ = 14/4 mm
  n_1 = 3000 1/min
  s_1 = 0 %
  N = 90.000 Lastwechsel
  Einspritzschmierung, T = 90°C
  Ra = 0,30 ± 0,01 µm (R↑)
- **Korrektur der Arbeitspunkte**
  Formel: $h_{korr,EHD} = h_{EHD} - \Delta h_{EHD}$
  mit Δh_{EHD} = 0,165 µm = konst.
- **Arbeitspunkte F↓** ———
  $h_{korr,EHD}$ = 0,115 µm (p_H = 1,0 GPa)
- **Arbeitspunkte F↑** - - - - -
  $h_{korr,EHD}$ = 0,080 µm (p_H = 1,5 GPa)

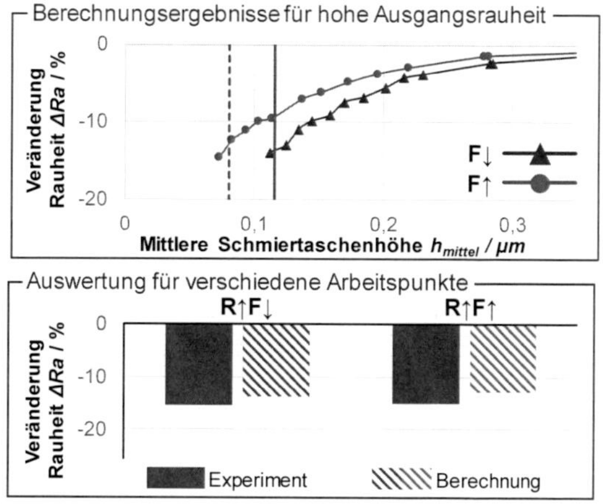

Bild 9-8: Validierung unter geschmierten Kontaktbedingungen: hohe Ausgangsrauheit
Validation for Lubricated Contact Conditions: High Inititial Roughness

9.3 Fazit

Conclusions

Für die Anwendung der elastisch-plastischen Mikrokontaktberechnung für den geschmierten Kontakt wurde das für den elastischen Halbraum entwickelte Modell zur Berücksichtigung des Schmierstoffdrucks in die Berechnungsmethode integriert. Die geometrische Oberflächenveränderung für unterschiedliche Schmierungszustände wurde durch eine exemplarische Auswertung und im Abgleich mit der physikalischen Erwartung verifiziert. Bei der Validierung konnte festgestellt werden, dass die Wahl des Arbeitspunkts im Mischreibungsgebiet einen entscheidenden Einfluss auf den Grad der Rauheitsreduktion hat und damit eine wesentliche Unsicherheitskomponente der Berechnungsmethode darstellt. Aus diesem Grund wurde der Arbeitspunkt anhand einer Versuchsvariante korrigiert, sodass durch die Berechnungsmethode sowohl der Einfluss der Oberflächenrauheit als auch der Normalkraft richtig erfasst wird. Somit ist für die Anwendung der Berechnungsmethode in einem ersten Schritt die Abschätzung des hydrodynamisch geförderten Schmierstoffvolumen anhand von Näherungsformeln möglich, sodass eine qualitative Aussage zwischen unterschiedlichen Varianten ermöglicht wird. Für eine exaktere Vorhersage kann das Trainieren des Modells anhand eines Stichversuchs für den vorliegenden Schmierstoff sinnvoll sein, um anschließend den Einfluss weiterer Betriebsparameter, wie bspw. der Last oder des Rauheitsbetrags, anhand von Berechnungsstudien bewerten zu können. Zusammenfassend konnte die übergeordnete Forschungshypothese mit der Zusammenführung der Berechnungsmethode verifiziert werden.

10 Zusammenfassung und Ausblick

Summary and Outlook

Die Oberflächenrauheit und -struktur von Wälzkontakten beeinflussen maßgeblich das Einsatzverhalten in Bezug auf Reibung, Verschleiß und Ermüdung. Aufgrund von Einlaufeffekten findet eine kontinuierliche Veränderung der Oberflächenrauheit während der ersten Lastwechsel statt. In der Regel wird jedoch nur der Oberflächenzustand nach der Fertigung zur Bewertung der Leistungsfähigkeit herangezogen. Mit der Kenntnis der Oberflächeneigenschaften nach dem Einlauf wird aus wissenschaftlicher Sicht eine präzisere Analyse und ein tieferes Verständnis für die Funktion des Wälzkontaktes ermöglicht. Aus wirtschaftlicher Sicht ist eine frühzeitige Bewertung fertigungsbedingter Oberflächen bzgl. ihres Einsatzverhalten im Betrieb wünschenswert, um unnötig hohe Sicherheiten zu vermeiden und Prüfkosten zu verringern.

Aus diesem Grund bestand das Ziel dieser Arbeit in einer Berechnungsmethode zur Vorhersage der geometrischen Oberflächenveränderung im Wälzkontakt. Für den Auslegungsprozess kann auf diese Weise die Lücke zwischen der fertigungsbedingten und der für das Einsatzverhalten relevanten Oberflächentopografie nach dem Einlauf geschlossen werden. Die wissenschaftliche Originalität lag in einer großflächigen Mikrokontaktberechnung, auf deren Basis eine Verbindung von Mikro- und Makroebene hergestellt wurde. Entgegen dem Stand der Technik wurde das Hauptmodell zur Berechnung geschmierter Wälzkontakte auf Mikroebene verankert und bestehende Erkenntnisse zum Einfluss der Hydrodynamik auf Makroebene durch Kennfelder integriert. Der Einfluss des Schmierstoffdrucks wurde durch eine Schmierstoffrandbedingung für die Kontaktberechnung im elastischen Halbraum nach BOUSSINESQ, LOVE und HARTNETT umgesetzt.

Zur Erreichung des Gesamtziels wurden grundlegende Untersuchungen zur geometrischen Oberflächenveränderung während des Einlaufs im Zwei-Scheiben-Kontakt durchgeführt. Die Untersuchungen umfassten sowohl Versuche mit und ohne Schmierung bei reinem Rollen als auch Versuche unter wälzender Beanspruchung. Das Versuchsprogramm bildete insbesondere die Grundlage für eine schrittweise Validierung der Berechnungsmethode. Für die untersuchten Betriebsbedingungen kann die geometrische Oberflächenveränderung während des Einlaufs primär auf den Wirkmechanismus der plastischen Verformung zurückgeführt werden. Die Veränderung einzelner Rauheitsspitzen infolge der Normalkraft konnte durch einen hochgenauen Abgleich von Oberflächentopografien vor und nach dem Experiment quantifiziert werden.

Für die großflächige Mikrokontaktberechnung zur Vorhersage der geometrischen Oberflächenveränderung wurden bestehende Methoden für die Kontakt- und Spannungsberechnung sowie für die Modellierung plastischer Verformungen kombiniert. Die Herausforderung bestand zum einen in der Wahl einer ausreichenden Vernetzungsauflösung zur Erfassung einzelner Rauheitsspitzen und zum anderen in der Optimierung des Berechnungsaufwands bei der Verbindung von Mikro- und Makroebene. Für die plastische Verformung einzelner Rauheitsspitzen konnte eine Auflösung des elastischen Halbraums von mindestens $dy = dz = 0{,}8$ µm abgeleitet werden. Zudem konnte aufgrund numerischer Restriktionen ein Zusammenhang zwischen der Elementgröße an der Oberfläche und der numerisch minimalen Auswertetiefe hergestellt werden. Die Verwendung rechteckiger Oberflächenelemente zur Reduktion des Berechnungsaufwands ist aufgrund der minimaler Auswertetiefe nicht zielführend.

Für die Parametrierung des elastisch-plastischen Materialmodels wurde eine Methode zur Bestimmung verformungsabhängiger Fließgrenzen für die Druckbeanspruchung in der oberflächennahen Randzone von Wälzkontakten entwickelt. Der Einfluss des Schmierstoffdrucks wurde durch die Einführung einer Schmierstoffrandbedingung für das Kontaktproblem im elastischen Halbraum abgebildet. Als Gleichgewichtsbedingung wurde das hydrodynamisch geförderte Schmierstoffvolumen eingeführt, welches die Verbindung von Makro- und Mikroebene mit den Erkenntnissen aus der EHD-Theorie bildet. Sowohl die einzelnen Bausteine der Berechnungsmethode als auch deren Kombination konnten im Abgleich mit dem Experiment validiert werden, sodass die übergeordnete Forschungshypothese positiv beantwortet werden konnte.

Zur Steigerung der Modellgüte können in zukünftigen Arbeiten unterschiedliche Aspekte der Berechnungsmethode tiefer beleuchtet werden. Die Analysen des Eigenspannungszustands vor und nach dem Experiment haben gezeigt, dass sich die Eigenspannungen in Abhängigkeit von den Betriebsbedingungen und der Ausgangsrauheit unterschiedlich stark verändern. Für eine präzisere Vorhersage ist die Berechnung der Eigenspannungsänderung notwendig, sodass nicht mehr auf den konstanten Eigenspannungswert nach der Fertigung zurückgegriffen werden muss. Aufgrund des hohen Berechnungsaufwands für die Eigenspannungsvorhersage ist für den großflächigen Mikrokontakt insbesondere eine Optimierung des Berechnungsaufwands notwendig.

Hinsichtlich der Beanspruchungsberechnung ist die Modellierung der Tangentialbeanspruchung ein wichtiger Aspekt zur korrekten Erfassung der Einflussfaktoren. Durch die Überlagerung der Tangentialspannung wird die Vergleichsspannung durch lokale Reibung erhört, sodass auch die Ausprägung der plastischen Verformung beeinflusst wird. Aufgrund der verifizierten und validierten Bestimmung des Beanspruchungszustands kann zudem eine gezielte Erweiterung der Modellvorstellung erfolgversprechend sein. Bspw. kann auf Basis der Pressungs- und Spannungsverteilung im Mikrokontakt die Berechnung von lokalem Verschleiß einzelner Rauheitsspitzen, die Abbildung von Schichtsystemen, oder der chemische Aufbau von Grenzschichten erfolgen.

Auf der experimentellen Seite ist die Erweiterung des Versuchsprogramms anzustreben. Insbesondere muss der Fragestellung nachgegangen werden, inwiefern die gleichen Wirkmechanismen bei der Einglättung während des Einlaufs bei höheren Gleitgeschwindigkeiten bzw. Schlupfzuständen vorliegen. Aufgrund der höheren Relativgeschwindigkeit können abrasive Verschleißmechanismen in den Vordergrund treten, sodass die Grenzen für die Anwendbarkeit der entwickelten Berechnungsmethode bestimmt werden müssen.

11 Summary and Outlook

The surface roughness and structure of rolling-sliding contacts have a decisive influence on the running behavior in terms of friction, wear and fatigue. Due to running-in effects, there is a continuous change of the surface roughness during the first load cycles. In general, however, only the surface condition after the final manufacturing process is known to evaluate the performance. The knowledge of the surface properties after running-in enables a more precise analysis and a deeper understanding of the function of the rolling-sliding contact from a scientific point of view. From an economic point of view, an early assessment of production-related surfaces regarding running behavior is desirable to avoid exaggerated safety factors and to reduce testing costs.

For this reason, the aim of this work was a calculation method to predict the geometric surface change in rolling-sliding contacts. Based on the calculation method, the gap between the production-related surface and the surface topography after the running-in which is relevant for the performance during operation can be closed already during the design process. The scientific originality is characterized by a large-scale micro contact calculation, which forms the basis for a connection between micro and macro levels. Contrary to the state of the art, the main model for calculating lubricated, rough rolling-sliding contacts was anchored on the micro level and existing knowledge on the influence of hydrodynamics on the macro level was integrated through simplified maps. The influence of the lubricant pressure was implemented by a lubricant boundary condition for the contact calculation in the elastic half-space according to BOUSSINESQ, LOVE and HARTNETT.

In order to achieve the overall goal, basic experimental tests with the focus on the geometric surface changes during running-in were carried out on a disk-on-disk test rig. The investigations comprise tests with and without lubrication for pure rolling conditions as well as tests under sliding conditions. In particular, the test program built the basis for a step-by-step validation of the calculation method. For the operating conditions investigated, the geometric surface change during running-in can be primarily reduced to the mechanism of plastic deformation. The change of single roughness peaks as a result of the loaded contact could be quantified by a high precision comparison of surface topographies before and after the experiment.

The large-scale micro contact calculation for predicting the geometric surface changes was developed by combination of existing methods for contact and stress calculation as well as for modeling plastic deformations. The challenge was, on the one hand, to select a sufficient resolution to model individual roughness peaks and, on the other hand, to optimize the computational effort when combining the micro and macro levels. For the plastic deformation of individual roughness peaks, a resolution of the elastic half-space of at least $dy = dz = 0.8$ µm could be derived. In addition, due to numerical restrictions, it was possible to establish a relation between the element size on the surface and the minimum evaluation depth. The use of rectangular surface elements to reduce the computational effort is not expedient due to the minimal evaluation depth.

For the parameterization of the elastic-plastic material model, a method was developed to determine deformation-dependent yield strengths for compressive stresses in the near-surface zone of rolling-sliding contacts. The influence of the lubricant pressure was modelled by the introduction of a lubricant boundary condition for the contact problem in the elastic half-space. As an equilibrium condition, the hydrodynamically conveyed volume of lubricant is introduced, which forms the connection between the macro and micro levels with the existing knowledge from EHL-theory. Both, the individual components of the calculation method and their combination could be validated in comparison with the experiment so that the main research hypothesis could be answered positively.

To increase the model quality, different aspects of the calculation method can be examined in more detail in future work. The analyzes of the residual stress state before and after the experiment have shown that the residual stresses change to different degrees depending on the operating conditions and the initial roughness. For a more precise prediction, it is necessary to calculate the change of residual stresses so that no longer a constant residual stress value has to be set. Due to the high calculation effort for the residual stress prediction, an optimization of the calculation effort is particularly necessary for the large-scale micro contact.

Regarding the stress calculation, the calculation of tangential stresses is an important aspect for the correct modelling of the different influence factors. By superimposing the tangential stress, the equivalent stress is changed caused by the occurring friction, which also results in the change of plastic deformation. Because of the verified and validated determination of the stress state a further development of the calculation model can also be promising. For example, local abrasive wear occurring at single roughness peaks, the performance of coatings or the building of chemical boundary layers can be calculated based on the pressure distribution and stress state in the micro contact.

On the experimental side, the extension of the test matrix is one of the next steps. In particular, the question must be answered to what extent the surface smoothing is based on the same mechanisms during running-in at higher sliding speeds or slippage. Due to the higher relative speed, abrasive wear mechanisms can come to the fore, so that the limits for the applicability of the developed calculation method must be determined.

12 Literaturverzeichnis

References

[AIRY62] Airy, G.:
On the Strains in the Interior of Beams.
In: Phil. Trans. R. Soc. London, 153. Jg., 1862, S. 49–79

[ASMI92] ASM International Handbook Committee:
ASM Handbook. Friction, Lubrication, and Wear Technology.
Bd. Nr. 18, Materials Park, OH: American Society for Metals, 1992

[BAGH15] Bagh, A.:
Auslegung PVD-beschichteter Stirnräder.
Diss. RWTH Aachen University, 2015

[BARG05] Bargel, H.-J.:
Werkstoffkunde. Mit 85 Tabellen.
9. Aufl. Berlin: Springer, 2005

[BART01] Bartel, D.:
Berechnung von Festkörper- und Mischreibung bei Metallpaarungen.
Diss. Otto-von-Guericke-Universität Magdeburg, 2001

[BART10] Bartel, D.:
Simulation von Tribosystemen. Grundlagen und Anwendungen.
Wiesbaden: Vieweg+Teubner, 2010

[BECK90] Becker, A.:
Numerische Berechnung des Kontaktes beliebig gekrümmter Körper unter besonderer Berücksichtigung der Einflußgrößen des Rad-Schiene-Systems.
Diss. Ruhr-Universität Bochum, 1990

[BLEC07] Bleck, W.:
Werkstoffprüfung in Studium und Praxis.
14. Aufl. Aachen: Verlagshaus Mainz, 2007

[BÖRN76] Börnecke, K.:
Beanspruchungsgerechte Wärmebehandlung von einsatzgehärteten Zylinderrädern.
Diss. RWTH Aachen University, 1976

[BOUS85] Boussinesq, J.:
Application des potentiels à l'étude de l'équilibre et du mouvement des solides élastiques.
Paris: Gauthier-Villars, 1885

[BREC16a] Brecher, C.; Renkens, D.; Löpenhaus, C.:
Method for Calculating Normal Pressure Distribution of High Resolution and Large Contact Area.
In: J. Tribol., 138. Jg., 2016, Nr. 1, S. 011402-1 - 011402-9

[BREC16b] Brecher, C.; Löpenhaus, C.; Greschert, R.:
Manufacturing-induced Boundary Layers in Rolling Contacts.
In: Proceedings of the International Conference The "A" Coatings. Hannover, March 31st-April 1st. Garbsen: TEWISS-Technik, 2016

[BREC17] Brecher, C.; Löpenhaus, C.; Mevissen, D.; Glimm, P.:
Hochgenaue Analyse der geometrischen Oberflächenveränderung im Zwei-Scheiben-Wälzkontakt.
Bachelorarb. RWTH Aachen University, 2017

[BREC19a] Brecher, C.; Brimmers, J.; Mevissen, D.; Jurica, J.:
Experimental Analysis of Geometrical Surface Changes of Case-Hardened Steel under Different Lubrication Conditions during Running-In.
Masterarb. RWTH Aachen University, 2019

[BREC19b] Brecher, C.; Brimmers, J.; Mevissen, D.; Sklenak, S.:
Methode zur spannungsbasierten Berechnung der plastischen Verformung in großen, rauen Kontakten.
Masterarb. RWTH Aachen University, 2019

[CZIC10] Czichos, H.; Habig, K.-H.:
Tribologie-Handbuch. Tribometrie, Tribomaterialien, Tribotechnik.
3. Aufl. Wiesbaden: Vieweg+Teubner, 2010

[DIET07] Dietrich, E.; Schulze, A.:
Eignungsnachweis von Prüfprozessen. Prüfmittelfähigkeit und Messunsicherheit im aktuellen Normenumfeld.
3. Aufl. München: Hanser, 2007

[DIN08] Norm DIN 10084 (Juni 2008)
Einsatzstähle. Technische Lieferbedingungen.

[DIN14] Norm DIN 51517 Teil 3 (Februar 2014)
Schmierstoffe. Schmieröle. Schmieröle CLP, Mindestanforderungen.

[DOEG07] Doege, E.; Behrens, B.-A.:
Handbuch Umformtechnik. Grundlagen, Technologien, Maschinen.
3. Aufl. Berlin: Springer, 2007

[DOEG86] Doege, E.; Meyer-Nolkemper, H.; Saeed, I.:
Fließkurvenatlas metallischer Werkstoffe. Mit Fließkurven für 73 Werkstoffe und einer grundlegenden Einführung.
München: Hanser, 1986

[DOLE03] Doleschel, A.:
Wirkungsgradberechnung von Zahnradgetrieben in Abhängigkeit vom Schmierstoff.
Diss. TU München, 2003

[DOWS77] Dowson, D.; Higginson, G.:
Elasto-hydrodynamic lubrication.
Bd. Nr. 23, 2. Aufl. Oxford: Pergamon Press, 1977

[EFFE87] Effenti, J.:
Die numerische Lösung der elastohydrodynamischen Kontaktprobleme unter Berücksichtigung der Oberflächenrauheiten.
Diss. RWTH Aachen University, 1987

[ERTE84] Mohrenstein-Ertel, A.:
Die Berechnung der hydonamischen Schmierung gekrümmter Oberflächen unter hoher Belastung und Relativbewegung.
In: VDI-Z, 1. Jg., 1984, Nr. 115, S. 1–92

[GFT02] Gesellschaft für Tribologie (GfT) Arbeitsblatt 7 (August 2002)
Verschleiß, Reibung - Definitionen, Begriffe, Prüfung.

[GLEß09] Gleß, M.:
Wälzkontaktermüdung bei Mischreibung.
Diss. Otto-von-Guericke-Universität Magdeburg, 2009

[GOHR82] Gohritz, A.:
Ermittlung der Zahnflankentragfähigkeit mittlerer und grosser Getriebe durch Analogieversuche.
Diss. RWTH Aachen University, 1982

[GOOD66] Goodier, J.; Hodge, P., JR.:
Elasticity and Plasticity.
New York: Wiley, 1966

[GRES19] Greschert, R.:
Ausbildung tragfähigkeitssteigender Grenzschichten in der Zahnradfertigung.
Diss. RWTH Aachen University, 2019

[GRUB49] Grubin, A.; Vinogradova, J.:
Investigation of the Contact Machine Components.
In: Cent. Sci. Res. Inst. Tech. Mech. Eng. Moskau, 1949, Nr. 30

[HAMR04] Hamrock, B.; Schmid, S.; Jacobson, B.:
Fundamentals of fluid film lubrication.
Bd. Nr. 169, 2. Aufl. New York: Dekker, 2004

[HAMR83] Hamrock, B.; Anderson, W.:
Rolling-Element Bearings.
Cleveland: NASA, 1983

[HART79] Hartnett, M.:
The Analysis of Contact Stresses in Rolling Element Bearings.
In: J. Lub. Tech., 101. Jg., 1979, Nr. 1, S. 105–109

[HAUE14] Hauer, F.:
Die elasto-plastische Einglättung rauer Oberflächen und ihr Einfluss auf die Reibung in der Umformtechnik.
Diss. Friedrich-Alexander-Universität Erlangen-Nürnberg, 2014

[HELL81] Hellwig, R.:
Einfluss der Oberflächenfeinstruktur auf die elasto-hydrodynamische Schmierbildung in Axialzylinderrollenlagern.
Diss. Universität Hannover, 1981

[HERT03] Hertter, T.:
Rechnerischer Festigkeitsnachweis der Ermüdungstragfähigkeit vergüteter und einsatzgehärteter Stirnräder.
Diss. TU München, 2003

[HERT82] Hertz, H.:
Über die Berührung fester elastischer Körper.
In: J. reine und angew. Math., 1882, Nr. 92, S. 156–171

[ISMA79] Ismar, H.; Mahrenholtz, O.:
Technische Plastomechanik.
1. Aufl. Braunschweig: Friedr. Vieweg & Sohn, 1979

[ISO09] Norm DIN ISO 4378 Teil 2 (Dezember 2013)
Gleitlager – Begriffe, Definitionen, Einteilung und Symbole – Teil 2: Reibung und Verschleiß.

[ISO10] Norm DIN EN ISO 4287 (Juli 2010)
Geometrische Produktspezifikation. Oberflächenbeschaffenheit:

Tastschnittverfahren. Benennungen, Definitionen und Kenngrößen der Oberflächenbeschaffenheit.

[ISO15] Norm DIN EN ISO 14577 Teil 1 (November 2015)
Metallische Werkstoffe - Instrumentierte Eindringprüfung zur Bestimmung der Härte und anderer Werkstoffparameter.

[ISO17] Norm DIN EN ISO 6892 Teil 1 (Februar 2017)
Metallische Werkstoffe- Zugversuch - Teil 1: Prüfverfahren bei Raumtemperatur.

[ISO98a] Norm DIN EN ISO 3274 (April 1998)
Geometrische Produktspezifikation (GPS). Oberflächenbeschafenheit: Tastschnittverfahren.

[ISO98b] Norm DIN EN ISO 4288 (April 1998)
Regeln und Verfahren für die Beurteilung der Oberflächenbeschaffenheit.

[ISO98c] Norm DIN EN ISO 13565-1 (April 1998)
Oberflächenbeschaffenheit: Tastschnittverfahren. Oberflächen mit plateauartigen funktionsrelevanten Eigenschaften. Filterung und allgemeine Meßbedingungen.

[JACQ02] Jacq, C.; Nélias, D.; Lormand, G.; Girodin, D.:
Development of a Three- Dimensional Semi-Analytical Elastic-Plastic Contact Code.
In: J. Tribol., 124. Jg., 2002, Nr. 4, S. 653-667

[JAMA06] Jamari, J.:
Running-In of Rolling Contacts.
Diss. Universität Twente, 2006

[JOST06] Jost, P.:
Tribology: How a word was coined 40 years ago.
In: Trib. and Lub. Tech., 2006, Nr. 3, S. 24–29

[KALI84] Kaliszky, S.:
Plastizitätslehre. Theorie uund technische Anwendungen.
Düsseldorf: VDI-Verl., 1984

[KLOC17] Klocke, F.; Brecher, C.:
Zahnrad- und Getriebetechnik. Auslegung - Herstellung - Untersuchung - Simulation.
1. Aufl. München: Carl Hanser, 2017

[KÖCH96] Köcher, J.:
Erhöhung der Zahnflankentragfähigkeit einsatzgehärtetr Zylinderräder durch Kugelstrahlen.
Diss. RWTH Aachen University, 1996

[KOPP98] Kopp, R.; Wiegels, H.:
Einführung in die Umformtechnik.
1. Aufl. Aachen: Augustinus Buchhandlung, 1998

[KREI08] Kreil, O.:
Einfluss der Oberflächenstruktur auf Druckverteilung und Schmierfilmdicke im EHD-Kontakt.
Diss. TU München, 2008

[LEE12] Lee, Y.; Barkey, M.; Kang, H.:
Metal Fatigue Analysis Handbook. Practical Problem-Solving Techniques for Computer-Aided Engineering.
1. Aufl. Waltham, MA: Butterworth-Heinemann, 2012

[LEUB86] Leube, H.:
Untersuchungen zur Randschichtermüdung an einsatzgehärteten Zylinderrädern. Einfluß von Werkstoff, Gefüge und Oberflächentopographie.
Diss. RWTH Aachen University, 1986

[LOHN16] Lohner, T.:
Berechnung von TEHD Kontakten und Einlaufverhalten von Verzahnungen.
Diss. TU München, 2016

[LÖPE15] Löpenhaus, C.:
Untersuchung und Berechnung der Wälzfestigkeit im Scheiben- und Zahnflankenkontakt.
Diss. RWTH Aachen University, 2015

[LOVE29] Love, A. E. H.:
The Stress Produced in a Semi-Infinite Solid by Pressure on Part of the Boundary.
In: J. Math., Phys. and Eng. Science, 228. Jg., 1929, S. 377–420

[MASJ12] Masjedi, M.; Khonsari, M.:
Film Thickness and Asperity Load Formulas for Line-Contact Elastohydrodynamic Lubrication With Provision for Surface Roughness.
In: J. Tribol., 134. Jg., 2012, Nr. 1, S. 011503-1 - 011503-10

[MASJ15] Masjedi, M.; Khonsari, M.:
On the effect of surface roughness in point-contact EHL: Formulas for film thickness and asperity load.
In: Tribol. International, 82. Jg., 2015, S. 228–244

[MAYE13] Mayer, J.:
Einfluss der Oberfläche und des Schmierstoffs auf das Reibungsverhalten im EHD-Kontakt.
Diss. TU München, 2013

[MEVI19] Mevissen, D.; Löpenhaus, C.; Bergs, T.:
Calculation of mixed friction conditions in large-scale rolling-sliding contacts for different surface structures.
In: Forsch Ingenieurwes, 83. Jg., 2019, Nr. 3, S. 351–366

[MICH87] Michaelis, K.:
Die Integraltemperatur zur Beurteilung der Fresstragfähigkeit von Stirnradgetrieben.
Diss. TU München, 1987

[MÖLL02] Möller, U.; Nassar, J.:
Schmierstoffe im Betrieb.
2. Aufl. Berlin: Springer, 2002

[MURA02] Murakami, Y.:
Metal fatigue. Effects of small defects and nonmetallic inclusions.
1. Aufl. Amsterdam: Elsevier, 2002

[MURC75] Murch, L.; Wilson, W. R. D.:
A Thermal Elastohydrodynamic Inlet Zone Analysis.
In: J. Lub. Tech., 97. Jg., 1975, Nr. 2, S. 212

[NADE17] Nadermann, D.; Elter, A.; Schwarze, H.:
Contact simulation of real worn surfaces with polymeric composites on the microscale.
In: Tagungsband zur Tribologie-Fachtagung. Göttingen, 25.-27.09.2017. Aachen: Eigendruck der Gesellschaft für Tribologie e.V., 2017

[NEUG01] Neugebauer, M.; Lüdicke, F.; Jusko, O.:
Ermittlung der Messunsicherheit für die Messgrößen Rundheit, Geradheit, Parallelität.
Interne Richtlinie, Labor 5.31 der PTB in Braunschweig, 2001

[NIEM01] Niemann, G.; Winter, H.; Höhn, B.-R.:
Maschinenelemente. Band 1: Konstruktion und Berechnung von Verbindungen, Lagern, Wellen.
Bd. Nr. 1, 3. Aufl. Berlin: Springer, 2001

[NIEM03] Niemann, G.; Winter, H.:
Maschinenelemente. Band 2: Getriebe allgemein, Zahnradgetriebe - Grundlagen, Stirnradgetriebe.
Bd. Nr. 2, 2. Aufl. Berlin: Springer, 2003

[OSTE82] Oster, P.:
Beanspruchung der Zahnfanken unter Bedingungen der Elastohydrodynamik.
Diss. TU München, 1982

[PARK86] Parkus, H.:
Mechanik der festen Körper.
2. Aufl. Wien: Springer, 1986

[PATI78] Patir, N.; Cheng, H.:
An Average Flow Model for Determining Effects of Three-Dimensional Roughness on Partial Hydrodynamic Lubrication.
In: J. Lub. Tech., 100. Jg., 1978, Nr. 1, S. 12–17

[PETR51] Petrusevich, A.:
Fundamental conclusions from the contact hydrodynamic theory of lubrication.
In: Izv. Akad. Nauk SSSR Otdel. Tekh, 1951, Nr. 2, S. 209–223

[PLOT97] Plote, H.:
Zur Berechnung thermo-elasto-hydrodynamischer Kontakte.
Diss. TU Clausthal, 1997

[POPO10] Popov, V.:
Kontaktmechanik und Reibung. Von der Nanotribologie bis zur Erdbebendynamik.
Berlin: Springer, 2010

[PREX90] Prexler, F.:
Einfluss der Wälzflächenrauheit auf die Grübchenbildung vergüteter Scheiben im EHD-Kontakt.
Diss. TU München, 1990

[RAMB43] Ramberg, W.; Osgood, W.:
Description of stress-strain-curves by three parameters.

Technical Report Nr. 902 National Advisory Committee for Aeronautics, 1943

[REDL02] Redlich, A.:
Simulation von Punktkontakten unter Mischreibungsbedingungen.
Diss. Otto-von-Guericke-Universität Magdeburg, 2002

[RÖSL19] Rösler, J.; Harders, H.; Bäker, M.:
Mechanisches Verhalten der Werkstoffe.
5. Aufl. Braunschweig: Springer, 2019

[ROWE08] Rowe, C.:
Specific Film Thickness—A Closer Examination of the Effects of EHL Film Thickness and Surface Roughness on Bearing Fatigue.
In: ASLE Trans., 24. Jg., 2008, Nr. 4, S. 423–430

[SAIN11] Sainsot, P.; Lubrecht, A.:
Efficient solution of the dry contact of rough surfaces. A comparison of fast Fourier transform and multigrid methods.
In: J. Eng. Tribol., 225. Jg., 2011, Nr. 6, S. 441–448

[SAUE18] Sauer, B.; Magyar, B.; Oehler, M.:
Schneckengetriebewirkungsgrade.
Abschlussbericht zum Forschungsvorhaben FVA-Nr. 729 I, Heft 1226, Forschungsvereinigung Antriebstechnik e.V., Frankfurt a.M., 2018

[SCHE05] Scherge, M.; Gerve, A.; Berlet, P.; Kopnarski, M.; Oechsner, H.:
Tribomutation von Werkstoffoberflächen im Motorenbau am Beispiel des Zylinderzwickels II.
Abschlussbericht zum FVA Forschungsvorhaben Nr. 716, Heft 811, Forschungsvereinigung Antriebstechnik e.V., Frankfurt a.M., 2005

[SCHL07] Schlecht, B.:
Maschinenelemente. Festigkeit, Wellen, Verbindungen, Federn, Kupplungen.
Bd. Nr. 1, 1. Aufl. London: Pearson, 2007

[SCHL10] Schlecht, B.:
Maschinenelemente. Getriebe, Verzahnungen und Lagerungen.
Bd. Nr. 2, 1. Aufl. London: Pearson, 2010

[SCHL95] Schlenk, L.:
Untersuchungen zur Fresstragfähigkeit von Großzahnrädern.
Diss. TU München, 1995

[SCHM36] Schmaltz, G.:
Technische Oberflächenkunde. Feingestalt und Eigenschaften von Grenzflächen Technischer Körper Insbesondere der Maschinenteile.
Berlin: Springer, 1936

[SCHM85] Schmidt, U.:
Die Schmierfilmbildung in elastohydrodynamisch beanspruchten Wälzkontakten unter Berücksichtigung der Oberflächenrauheit.
Diss. Universität Hannover, 1985

[SCHO08] Scholz, U.:
Instationäre Berechnung geschmierter Wälzkontakte.
Diss. Otto-von-Guericke-Universität Magdeburg, 2008

[SCHÖ13] Schönecker, C.:
Flow Phenomena at Microstructured Surfaces.
Diss. TU Darmstadt, 2013

[SCHO73] Schouten, M.:
Einfluss elastohydrodynamischer Schmierung auf Reibung, Verschleiss und Lebensdauer von Getrieben.
Diss. TU Eindhoven, 1973

[SCHU09] Schulz, J.:
Wechselwirkungen von Additiven mit Metalloberflächen (I).
In: Tagungsband zur Tribologie-Fachtagung. Göttingen, 21.-23.09.2009. Aachen: Eigendruck der Gesellschaft für Tribologie e.V., 2009

[SHAN98] Shannon, C.:
Communication in the Presence of Noise.
In: Proceedings of the IEEE, 86. Jg., 1998, Nr. 2, S. 447–457

[SIMO84] Simon, M.:
Messung von elasto-hydrodynamischen Parametern und ihre Auswirkung auf die Grübchentragfähigkeit vergüteter Scheiben und Zahnräder.
Diss. TU München, 1984

[SOLO07] Solovyev, S.:
Reibungs- und Temperaturberechnung an Festkörper- und Mischreibungskontakten.
Diss. Otto-von-Guericke-Universität Magdeburg, 2007

[SOMM10] Sommer, K.; Heinz, R.; Schöfer, J.:
Verschleiß metallischer Werkstoffe. Erscheinungsformen sicher beurteilen.
1. Aufl. Wiesbaden: Vieweg+Teubner, 2010

[SONG16] Song, H.; van der Giessen, E.; Liu, X.:
Strain gradient plasticity analysis of elasto-plastic contact between rough surfaces.
In: J. Mech. and Phys. of Solids, 96. Jg., 2016, S. 18–28

[SOSA15] Sosa, M.:
Running-in of gears from a surface transformation and efficiency point of view.
Diss. (1. Half) Royal Institute of Technology, 2015

[SPIN11] Spinu, S.; Frunza, G.; Diaconescu, E.:
Numerical Simulation of Elastic-Plastic Non-Conforming Contact.
In: Angermann, L. (Hrsg.): Numerical Simulations - Applications, Examples and Theory. InTech, 2011

[STÖß71] Stößel, K.:
Reibungszahlen unter elasto-hydrodynamischen Bedingungen. Versuchergebnisse an hochbelasteten Gleit-Wälz-Paarungen.
Diss. TU München, 1971

[STRE97] Strehl, R.:
Tragfähigkeit von Zahnrädern aus hochfesten Sinterstählen.
Diss. RWTH Aachen University, 1997

[STRI03] Stribeck, R.:
Die wesentlichen Eigenschaften der Gleit- und Rollenlager.
Berlin: Springer, 1903

[TOBI01] Tobie, T.:
Zur Grübchen- und Zahnfusstragfähigkeit einsatzgehärteter Zahnräder. Einflüsse aus Einsatzhärtungstiefe, Wärmebehandlung und Fertigung bei unterschiedlicher Baugröße.
Diss. TU München, 2001

[VENN00] Venner, C.; Lubrecht, A.:
Multilevel methods in lubrication.
Bd. Nr. 37, 1. Aufl. Amsterdam: Elsevier, 2000

[VOLG91] Volger, J.:
Ermüdung der oberflächennahen Bauteilschicht unter Wälzbeanspruchung.
Diss. RWTH Aachen University, 1991

[WANG05] Wang, F.; Keer, L.:
Numerical Simulation for Three Dimensional Elastic-Plastic Contact With Hardening Behavior.
In: J. Tribol., 127. Jg., 2005, Nr. 3, S. 494–502

[YUSO16] Yusof, N.; Ripin, Z.:
A technique to measure surface asperities plastic deformation and wear in rolling contact.
In: Wear, 368-369. Jg., 2016, S. 496–504

[ZHU07] Zhu, D.:
On some aspects of numerical solutions of thin-film and mixed elastohydrodynamic lubrication.
In: J. Eng. Tribol., 221. Jg., 2007, Nr. 5, S. 561–579

In der Reihe **Ergebnisse aus der Produktionstechnik** zuletzt erschienen:

Ochel, Tim:
Prognostik zur Resilienzsteigerung im Werkzeugbau
ISBN: 978-3-98555-161-3
Erscheinungsdatum: 22.05.2023

Greipel, Jonathan:
Grouping of Inspection Characteristics to Reduce Costs of Adaptive Inspection Planning in Variant Production
ISBN: 978-3-98555-157-6
Erscheinungsdatum: 03.05.2023

Troß, Nico:
Mehrskalenmodellierung der thermo-mechanischen Werkzeugbelastung beim Trockenwälzfräsen
ISBN: 978-3-98555-158-3
Erscheinungsdatum: 19.04.2023

Nicksch, Christoph:
Konfiguration verteilter Large-Scale Metrology Systeme in rekonfigurierbaren Montageumgebungen
ISBN: 978-3-98555-152-1
Erscheinungsdatum: 20.03.2023

Ahmad, Mubarik:
Anregungsgerechte Auslegung und Tolerierung schnelllaufender Getriebe unter Berücksichtigung kurz- und langwelliger Verzahnungsabweichungen
ISBN: 978-3-98555-130-9
Erscheinungsdatum: 06.03.2023

Schneidermann, Dennis:
Orchestration von Vertrauen in interorganisationalen Wissensnetzwerken der Fabrikplanung
ISBN: 978-3-98555-153-8
Erscheinungsdatum: 15.05.2023

Welsing, Martin:
Bewertung der ökologischen Nachhaltigkeit von Produktions-netzwerkkonfigurationen
ISBN: 978-3-98555-155-2
Erscheinungsdatum: 19.04.2023

Beckers, Alexander:
Auslegung wirtschaftlich-technologisch optimierter Fertigungsprozessfolgen mittels prozessübergreifender Modellierung
ISBN: 978-3-98555-154-5
Erscheinungsdatum: 18.04.2023

Gipperich, Marius:
Untersuchung eines Zweistrahlprozesses als Ansatz zur Prozessstabilitätserhöhung des drahtbasierten Laserauftragschweißens
ISBN: 978-3-98555-151-4
Erscheinungsdatum: 15.03.2023

Motschke, Tobias:
Analyse und Modellierung der Dämpfungseigenschaften von Spindellagern
ISBN: 978-3-98555-148-4
Erscheinungsdatum: 06.03.2023

Edition Wissenschaft
Apprimus

Priwisch, Martin:
Kontaktfreie Bahnlaufregelung zur Herstellung funktionaler Mehrlagensysteme in einem kontinuierlichen Laminierprozess
ISBN: 978-3-98555-139-2
Erscheinungsdatum: 27.02.2023

Cremer, Sven:
Controlling der Migration in Produktionsnetzwerken
ISBN: 978-3-98555-145-3
Erscheinungsdatum: 09.02.2023

Ohlert, Marius:
Contact between Abrasive Media and Workpiece in Robot-guided Centrifugal Finishing
ISBN: 978-3-98555- 144-6
Erscheinungsdatum: 07.02.2023

Graberg, Tim:
Operationalisierung von digitalen Schatten im Werkzeugbau
ISBN: 978-3-98555-141-5
Erscheinungsdatum: 06.02.2023

Müller, Tobias:
Modellbildung mittels Symbolischer Regression zur Messunsicherheitsbestimmung komplexer Messprozesse
ISBN: 978-3-98555-146-0
Erscheinungsdatum: 30.01.2023

Behrens, Jan:
Selbstkalibrierung von 5-Achs-Bearbeitungszentren mit Dreh-/Schwenktisch
ISBN: 978-3-98555-124-8
Erscheinungsdatum: 24.01.2023

Frye, Maik:
Recommending Data Preprocessing Pipelines for Machine Learning Applications in Production
ISBN: 978-3-98555-147-7
Erscheinungsdatum: 15.02.2023

Schmidhuber, Matthias:
Sozio-technische Problemlösungsfähigkeit von PPS-Systemen
ISBN: 978-3-98555- 143-9
Erscheinungsdatum: 07.02.2023

Schwarberg, Thomas:
Bestimmung der Logik von Innovationsideen für technische Systeme
ISBN: 978-3-98555- 142-2
Erscheinungsdatum: 07.02.2023

Nienheysen, Philipp:
Werkstattgerechte Schadensanalyse in CFK-Strukturbauteilen mit optisch georteter Ultraschallmesstechnik
ISBN: 978-3-98555-136-1
Erscheinungsdatum: 30.01.2023

Kreß, Julian Maximilian:
Erbringung hybrider Leistungsangebote in Wertschöpfungsnetzwerken
ISBN: 978-3-98555-128-6
Erscheinungsdatum: 24.01.2023

Bickendorf, Philipp:
Tribologische und geometrische Auslegung von additiv hergestellten Werkzeug-einsätzen zur Feinblech-umformung
ISBN: 978-3-98555-133-0
Erscheinungsdatum: 24.01.2023

Edition Wissenschaft
Apprimus

FSC
www.fsc.org
MIX
Papier | Fördert
gute Waldnutzung
FSC® C083411

Zeitfracht Medien GmbH
Ferdinand-Jühlke-Straße 7
99095 Erfurt, Deutschland
produktsicherheit@kolibri360.de